AI 数字人
全面应用

形象制作 + 口播视频 + 直播带货 + 客服沟通

李平荣 ◎ 编著

清华大学出版社
北京

内 容 简 介

本书全面深入地介绍了 AI 数字人的制作与应用方法，内容围绕以下两条主线展开。

一是详细介绍了 8 种主流的 AI 数字人制作工具与方法，包括剪映、腾讯智影、闪剪、有言、奇妙元、即构、即梦和蝉镜等，从下载、登录、功能操作到视频导出，为读者提供了清晰易懂的步骤指导。

二是涵盖了 9 个领域的实战案例，如企业宣传、教育培训、新闻播报、美食推荐、好物推荐、农产品推荐、情感沟通、产品咨询和知识分享等，并详细解析了各领域 AI 数字人视频的制作流程与应用要点。

本书适合企业营销人员、教育培训从业者、内容创作者、电商运营者、客服人员及对 AI 数字人感兴趣的用户。无论是初学者还是有一定基础的从业者，都能通过本书系统地学习 AI 数字人的制作与应用技巧，并以此提升工作效率，把握商业机会，开启智能交互的新篇章。

本书封面贴有清华大学出版社防伪标签，无标签者不得销售。
版权所有，侵权必究。举报：010-62782989，beiqinquan@tup.tsinghua.edu.cn。

图书在版编目(CIP)数据

AI数字人全面应用：形象制作+口播视频+直播带货+客服沟通 / 李平荣编著.-- 北京：清华大学出版社, 2025.7.
ISBN 978-7-302-69533-2

Ⅰ.TP18

中国国家版本馆CIP数据核字第2025EA7101号

责任编辑：韩宜波
封面设计：杨玉兰
责任校对：李玉茹
责任印制：刘海龙

出版发行：清华大学出版社
网　　址：https://www.tup.com.cn, https://www.wqxuetang.com
地　　址：北京清华大学学研大厦A座　　　邮　编：100084
社 总 机：010-83470000　　　　　　　　　邮　购：010-62786544
投稿与读者服务：010-62776969, c-service@tup.tsinghua.edu.cn
质 量 反 馈：010-62772015, zhiliang@tup.tsinghua.edu.cn
印 装 者：涿州汇美亿浓印刷有限公司
经　　销：全国新华书店
开　　本：190mm×260mm　　　印　张：15　　　字　数：374 千字
版　　次：2025 年 8 月第 1 版　　印　次：2025 年 8 月第 1 次印刷
定　　价：99.00 元

产品编号：107466-01

前 言

写作驱动

随着人工智能（AI）技术的不断进步，AI数字人已经逐渐从科幻概念走进人们的现实生活，并在各个领域展现出独特的应用价值。在这个数字化时代，AI数字人不仅为企业提供了创新的营销手段，也为个人用户带来了更加智能、便捷的生活体验。本书的出版，正是响应了当前社会对AI数字人技术的广泛关注与需求，旨在帮助读者全面掌握AI数字人的形象制作、口播视频、直播带货、客服沟通等核心技术。

在撰写本书的过程中，我们深入分析了AI数字人技术的发展现状与趋势，发现当前市场在AI数字人应用方面存在以下主要需求。

（1）企业对AI数字人技术的需求日益增加：随着数字化转型的加速，企业越来越需要借助AI数字人来提升品牌形象，拓展营销渠道，以及优化客户服务。

（2）个人用户对AI数字人技术的兴趣与期待：个人用户希望通过AI数字人实现更加智能、个性化的生活管理与娱乐互动。

（3）AI数字人技术的不断迭代与升级：随着技术的不断进步，AI数字人的制作成本逐渐降低，功能日益丰富，应用领域也在不断拓展。

因此，本书旨在通过系统的讲解和丰富的实战案例，帮助读者快速掌握AI数字人的核心技术与应用技能，以满足当前市场的迫切需求。

本书特色

本书具有以下五大特色。

1. **全面系统**：本书从AI数字人的基础知识入手，逐步讲解形象制作、口播视频、直播带货、客服沟通等核心技能，内容全面系统，能够帮助读者建立完整的知识体系。

2. **实战导向**：本书注重实战应用，通过大量的实战案例和详细的操作步骤，帮助读者快速掌握AI数字人的制作与应用技能。同时，书中还提供了丰富的模板和素材资源，方便读者进行实践操作和创作。

3. **技术前沿**：本书紧跟AI数字人技术的发展趋势，介绍了最新的技术和应用案例，帮助读者了解并掌握最前沿的技术动态。

4. **图文并茂**：本书采用图文并茂的编写方式，通过生动的图片和详细的文字描述，帮助读者更加直观地理解并掌握相关知识和技能。

5. **易于上手**：本书在内容讲解上力求简洁明了，避免出现过多的专业术语和复杂的理论推导，使初学者也能够轻松上手并快速掌握相关技能。

教学资源

本书提供的配套教学资源及具体数量如下所示。

序　号	教学资源	数　量
1	电子教案	12 课时
2	素材文件	34 个
3	效果文件	9 个
4	教学视频	118 个
5	PPT 课件	168 页

获取方式

如果读者需要获取书中案例的素材文件、效果文件、教学视频或其他资源，请使用微信中的"扫一扫"功能，按需要扫描对应的二维码即可。

素材、效果及 PPT 课件　　　　视频及电子教案

特别提示

1. 版本更新：本书在编写时，是基于当时各种工具的功能页面截取的实际操作图片，但一本书从编辑到出版通常需要一段时间，这些工具的功能和页面可能会有所变动，请读者在阅读时，根据书中的思路灵活应用。其中，剪映电脑版为 7.5.0（内测）版，文小言 App 为 4.7.5.10 版。

2. 会员功能：腾讯智影的"数字人直播"功能须开通"直播体验版"或"真人接管直播专业版"会员方可使用。腾讯智影的部分数字人角色须升级为"高级版会员"或"专业版会员"才能解锁使用。蝉镜平台提供新用户专享福利，首次注册可免费享受 15 天会员服务，体验平台各项功能。

作者信息

本书由陇南师范学院的李平荣编著，提供素材和视频帮助的人员还有向小红等人，在此表示感谢。由于作者知识水平有限，书中难免有疏漏之处，恳请广大读者批评、指正。

编　者

目 录 CONTENTS

形象制作篇

第 1 章　新手入门：初识 AI 数字人···3

- 1.1 AI 数字人是什么？·················4
  - 1.1.1 AI 数字人：核心特征与技术实现深度解析················4
  - 1.1.2 技术构成：语音识别、情感计算与多技术融合···············5
  - 1.1.3 AI 数字人：主要功能与多元应用场景解析··················6
- 1.2 什么人会用到 AI 数字人？··········7
  - 1.2.1 企业用户：客户服务、市场营销与内部培训··················7
  - 1.2.2 个人用户：虚拟助手与娱乐互动的智能体验··················9
  - 1.2.3 政府机构：优化公共服务与城市管理·······················10
- 1.3 何时使用 AI 数字人？·············11
  - 1.3.1 日常运营：AI 数字人优化服务与内容创作··················11
  - 1.3.2 特殊时期：AI 数字人赋能电商与医疗急救·················12
- 1.4 在哪些场景下可以使用 AI 数字人？···13
  - 1.4.1 线上平台：直播带货与品牌互动·····13
  - 1.4.2 线下场景：引领个性化服务与智能体验·····················14
  - 1.4.3 虚拟空间：跨平台互动与个性化服务·······················15
- 1.5 为什么要用 AI 数字人？············15
  - 1.5.1 降低成本：替代人工客服，提高服务效率与节省开支··········16
  - 1.5.2 提高效率：加速数据处理与响应优化························17
  - 1.5.3 增强体验：真实感与交互性带来沉浸式体验················17
  - 1.5.4 推动创新：商业模式革新、行业应用范围拓展与创造商业机会···18
- 1.6 本章小结························19
- 1.7 课后习题························20

第 2 章　形象了解：11种AI数字人···21

- 2.1 虚拟数字人······················22
  - 2.1.1 卡通数字人：定义、应用领域与制作工具··················22
  - 2.1.2 视频数字人：定义、应用领域与场景案例··················23
  - 2.1.3 仿真数字人：定义、特性与应用场景························24

- 2.1.4 超写实数字人：定义、特性与场景案例 ……………… 25
- 2.1.5 全真数字人：重塑娱乐、教育、营销新体验 ………………… 26
- 2.1.6 互动数字人：高度生动性、智能对话、个性定制与场景案例 … 27
- 2.1.7 3D 数字人：多领域应用与智能交互新体验 ………………… 28

2.2 真人数字人 ……………………… 29
- 2.2.1 照片变数字人：定义、应用领域与制作工具 ……………… 29
- 2.2.2 视频变数字人：重塑真人形象，引领电商新风尚 …………… 31
- 2.2.3 历史人物复原：重塑古人风貌，传承文化精髓 ……………… 32
- 2.2.4 明星虚拟形象：打造数字分身，开启互动新纪元 …………… 33

2.3 本章小结 …………………………… 33

2.4 课后习题 …………………………… 34

第3章 制作工具：数字人视频创作平台 ……………… 35

3.1 剪映 ………………………………… 36
- 3.1.1 下载剪映软件：访问官网并选择正确版本 ……………… 36
- 3.1.2 剪映页面：功能分配与操作入口 …… 39

- 3.1.3 数字人形象塑造：形象选择、背景设定与景别调整 ………… 39
- 3.1.4 特效与滤镜应用：视觉魅力、艺术渲染与创意提升 ………… 41
- 3.1.5 形象优化：美颜美体、音色调配与动画效果 ……………… 42
- 3.1.6 导出：设置细节、分享途径与注意事项 ………………… 44

3.2 腾讯智影 …………………………… 45
- 3.2.1 登录流程：扫码登录、手机号认证与账号密码 ……………… 46
- 3.2.2 页面布局：导航设置、智能工具与创作功能 ……………… 48
- 3.2.3 数字人视频创作：模板选择、形象设置与内容编辑 ………… 48
- 3.2.4 智能驱动：自动生成、动作编辑与内容优化 ……………… 50
- 3.2.5 场景构建：背景选择、场景调整与动态元素融合 …………… 52
- 3.2.6 视频合成：检查整理、渲染输出与发布分享 ……………… 53

3.3 其他数字人视频创作平台 ………… 54
- 3.3.1 闪剪：数字人视频创作的全能助手 … 54
- 3.3.2 有言：一站式创作、智能语音与定制化体验 ……………… 56
- 3.3.3 奇妙元：形象定制、视频生成与直播应用 ………………… 57
- 3.3.4 即构：多元化创作体验与高效互动平台 ………………… 58
- 3.3.5 即梦：核心功能、智能画布与创作平台 ………………… 60
- 3.3.6 蝉镜：AI 技术驱动的数字人克隆与视频创作平台 …………… 62

3.4 本章小结 …………………………… 63

3.5 课后习题 …………………………… 64

口播视频篇

第 4 章　企业宣传：利用数字人提升品牌传播力 ⋯⋯⋯⋯ 67

4.1 利用 AI 数字人实现企业宣传的基础知识 ⋯⋯⋯⋯⋯⋯⋯⋯⋯⋯⋯ 68
- 4.1.1 AI 数字人在企业宣传方面有哪些应用？ ⋯⋯⋯⋯⋯⋯⋯⋯⋯ 68
- 4.1.2 企业宣传领域的 AI 数字人制作有哪些注意事项？ ⋯⋯⋯⋯⋯⋯⋯ 69

4.2 企业宣传领域的 AI 数字人视频制作流程 ⋯⋯⋯⋯⋯⋯⋯⋯⋯⋯ 70
- 4.2.1 效果展示 ⋯⋯⋯⋯⋯⋯⋯⋯ 70
- 4.2.2 生成 AI 数字人形象 ⋯⋯⋯ 71
- 4.2.3 驱动数字人 ⋯⋯⋯⋯⋯⋯ 74
- 4.2.4 导入背景素材 ⋯⋯⋯⋯⋯ 76
- 4.2.5 调整数字人素材 ⋯⋯⋯⋯ 78
- 4.2.6 导入并编辑视频素材 ⋯⋯ 79
- 4.2.7 添加并编辑文本 ⋯⋯⋯⋯ 81
- 4.2.8 优化视频字幕效果 ⋯⋯⋯ 83
- 4.2.9 添加背景音乐效果 ⋯⋯⋯ 86

第 5 章　教育培训：利用数字人提升学生的学习参与度 ⋯⋯⋯ 88

5.1 利用 AI 数字人实现教育培训的基础知识 ⋯⋯⋯⋯⋯⋯⋯⋯⋯⋯⋯ 89
- 5.1.1 AI 数字人在教育培训方面有哪些应用？ ⋯⋯⋯⋯⋯⋯⋯⋯⋯ 89
- 5.1.2 教育培训领域的 AI 数字人制作有哪些注意事项？ ⋯⋯⋯⋯⋯⋯⋯ 90

5.2 教育培训领域的 AI 数字人视频制作流程 ⋯⋯⋯⋯⋯⋯⋯⋯⋯⋯ 91
- 5.2.1 效果展示 ⋯⋯⋯⋯⋯⋯⋯⋯ 91
- 5.2.2 选择合适的数字人模板 ⋯⋯ 92
- 5.2.3 导入自定义的播报内容 ⋯⋯ 94
- 5.2.4 编辑数字人的文字效果 ⋯⋯ 97
- 5.2.5 合成数字人视频效果 ⋯⋯ 103

第 6 章　新闻播报：口播视频中的全新 AI 互动体验 ⋯⋯⋯ 105

6.1 利用 AI 数字人实现新闻播报的基础知识 ⋯⋯⋯⋯⋯⋯⋯⋯⋯⋯⋯ 106
- 6.1.1 AI 数字人在新闻播报方面有哪些应用？ ⋯⋯⋯⋯⋯⋯⋯⋯⋯ 106
- 6.1.2 新闻播报领域的 AI 数字人制作有哪些注意事项？ ⋯⋯⋯⋯⋯⋯⋯ 106

6.2 新闻播报领域的 AI 数字人视频制作流程 ⋯⋯⋯⋯⋯⋯⋯⋯⋯⋯ 109
- 6.2.1 效果欣赏 ⋯⋯⋯⋯⋯⋯⋯ 109
- 6.2.2 选定并添加数字人模板 ⋯⋯ 109
- 6.2.3 视频剪辑与更换形象 ⋯⋯ 110
- 6.2.4 文本配音与停顿调整 ⋯⋯ 113
- 6.2.5 精确修改播报文字 ⋯⋯⋯ 117
- 6.2.6 添加相关视频素材 ⋯⋯⋯ 121
- 6.2.7 精心选择并添加背景音乐 ⋯ 124

直播带货篇

第 7 章 美食推荐：数字人引领餐饮视频营销新时代 129

7.1 利用 AI 数字人实现美食推荐的基础知识 130

7.1.1 AI 数字人在美食推荐方面有哪些应用？ 130

7.1.2 美食推荐领域的 AI 数字人制作有哪些注意事项？ 130

7.2 美食推荐领域的 AI 数字人视频制作流程 131

7.2.1 效果欣赏 131
7.2.2 挑选并应用视频模板 132
7.2.3 选择并调整数字人像 135
7.2.4 AI 配音与文案编辑 136
7.2.5 编辑文本样式并同步视频 139
7.2.6 添加背景音乐并合成 143

第 8 章 好物推荐：利用数字人提升商品推广效果 146

8.1 利用 AI 数字人实现好物推荐的基础知识 147

8.1.1 AI 数字人在好物推荐方面有哪些应用？ 147

8.1.2 好物推荐领域的 AI 数字人制作有哪些注意事项？ 148

8.2 好物推荐领域的 AI 数字人视频制作流程 149

8.2.1 效果欣赏 149
8.2.2 选定视频模板 150
8.2.3 替换数字人形象 152
8.2.4 驱动数字人播报的设置流程 153
8.2.5 轻松更换视频背景 157
8.2.6 更改视频中的文字内容及样式 158
8.2.7 在视频中添加背景音乐并进行合成 162

第 9 章 农产品推荐：利用数字人提升直播带货效果 165

9.1 利用 AI 数字人实现农产品推荐的基础知识 166

9.1.1 AI 数字人在农产品推荐方面有哪些应用？ 166

9.1.2 农产品推荐领域的 AI 数字人制作有哪些注意事项？………………… 167	9.2.5 编辑视频 PPT 文案………………… 178
	9.2.6 合成下载 AI 数字人视频………… 186
9.2 农产品推荐领域的 AI 数字人视频制作流程…………………………… 168	
9.2.1 效果欣赏……………………… 168	
9.2.2 数字人模板优化………………… 169	
9.2.3 删除 PPT 和替换背景…………… 172	
9.2.4 为 PPT 添加播报内容…………… 174	

客服沟通篇

第 10 章 情感沟通：利用数字人增强客户关系 …………… 189

10.1 利用 AI 数字人实现情感沟通的基础知识 ……………………… 190

10.1.1 AI 数字人在情感沟通方面有哪些应用？……………………… 190

10.1.2 情感沟通领域的 AI 数字人制作有哪些注意事项？……………… 190

10.2 情感沟通领域的 AI 数字人视频制作流程 ……………………… 191

10.2.1 效果欣赏……………………… 191

10.2.2 替换数字人形象………………… 192

10.2.3 定制 AI 配音文案……………… 194

10.2.4 编辑视频字幕………………… 196

10.2.5 编辑音频并下载……………… 200

第 11 章 产品咨询：利用数字人提升转化率 ……………………… 203

11.1 利用 AI 数字人实现产品咨询的基础知识 ……………………… 204

11.1.1 AI 数字人在产品咨询方面有哪些应用？……………………… 204

11.1.2 产品咨询领域的 AI 数字人制作有哪些注意事项？……………… 204

11.2 产品咨询领域的 AI 数字人视频制作流程 ……………………… 206

11.2.1 效果欣赏……………………… 206

11.2.2 安装与登录文小言 App………… 207

11.2.3 创建 AI 智能体………………… 208

11.2.4 更换头像……………………… 209

11.2.5 设置名称和声音……………… 211

11.2.6 智能体设定…………………… 212

11.2.7 设置公开状态………………… 213

11.2.8 测试 AI 数字人对话场景……… 214

第 12 章　知识分享：AI 数字人驱动智慧沟通 ······ 215

12.1 利用 AI 数字人实现知识分享的基础知识 ······ 216
- 12.1.1 AI 数字人在知识分享方面有哪些应用？ ······ 216
- 12.1.2 知识分享领域的 AI 数字人制作有哪些注意事项？ ······ 217

12.2 知识分享领域的 AI 数字人视频制作流程 ······ 218
- 12.2.1 效果欣赏 ······ 218
- 12.2.2 创建视频项目并替换模板 ······ 218
- 12.2.3 选择数字人形象并调整细节 ······ 221
- 12.2.4 AI 配音编辑与声音设置 ······ 222
- 12.2.5 编辑与调整文本及字幕样式 ······ 224
- 12.2.6 添加背景音乐并调整音量 ······ 228

形象制作篇

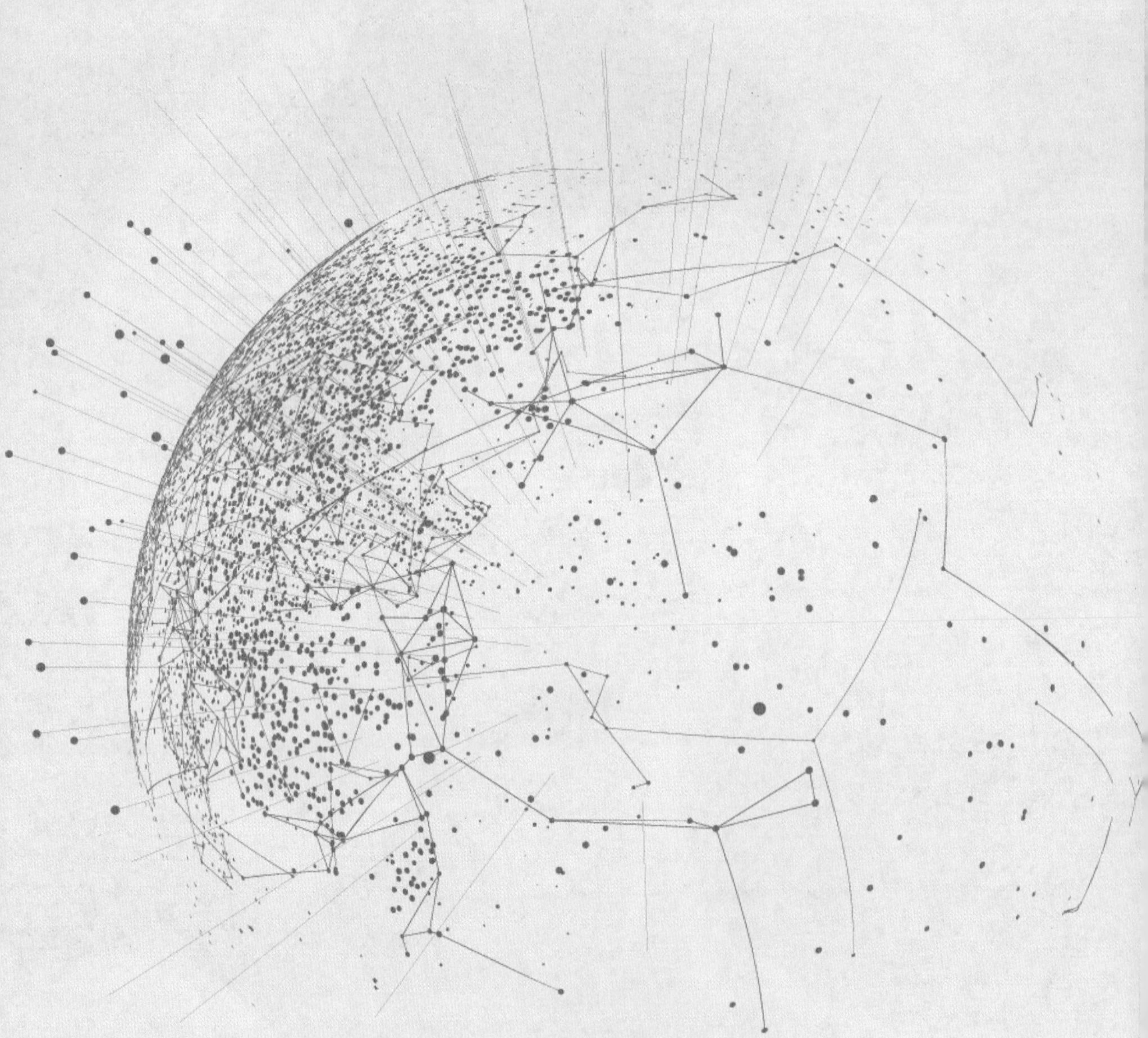

第1章

新手入门：初识 AI 数字人

章前知识导读 ▶▶▶▶▶▶▶

本章全面、深入地探讨了 AI 数字人的多个维度，从基础定义与技术原理，到多样化的应用场景，再到其显著优势，全方位揭示了 AI 数字人的独特魅力。通过本章内容的学习，您将深刻理解 AI 数字人的核心价值，为实际运用及策略规划提供坚实的理论与实践支撑。

新手重点索引 ▶▶▶▶▶▶▶

- AI 数字人是什么？
- 何时使用 AI 数字人？
- 为什么要用 AI 数字人？
- 什么人会用到 AI 数字人？
- 在哪些场景下可以使用 AI 数字人？

效果图片欣赏 ▶▶▶▶▶▶▶

AI 数字人全面应用　　形象制作＋口播视频＋直播带货＋客服沟通

1.1　AI 数字人是什么？

在科技的浪潮中，AI 数字人正逐渐成为新时代的宠儿，引领着数字交互的新趋势。本节将揭开 AI 数字人的神秘面纱。

首先，本节将明确 AI 数字人的概念和核心特征，帮助读者理解其独特的存在方式。AI 数字人，也称为虚拟数字人、智能虚拟人，是基于人工智能、计算机图形学、语音合成等技术构建的数字化人物形象，具有拟人化的外貌、动作与智能交互能力，能够在虚拟空间中与人类进行自然对话与情感交流。它既可以是具象的虚拟角色，也可以是融合 AI 能力的数字分身，在不同场景中展现出类人化的行为与思维。随后，本节将探讨构成 AI 数字人的关键技术，如机器学习、自然语言处理等，揭示其背后的智慧源泉。最后，本节将介绍 AI 数字人的主要功能和典型应用场景，帮助大家深入了解这一重要领域。

1.1.1　AI 数字人：核心特征与技术实现深度解析

在数字化浪潮的推动下，AI 数字人作为一种前沿技术产物，正逐步融入我们的日常生活中。它们在外貌、行为、情感及交互层面均展现出令人惊叹的拟真度。

下面将深入剖析 AI 数字人的核心特征及其背后先进的技术实现。

扫码看视频

1. 核心特征

以下是 AI 数字人的四大核心特征。

（1）高度拟真性：AI 数字人能够精确模拟人类的面部轮廓、五官比例及皮肤纹理，营造出近乎真实的视觉效果。此外，它们还能精准捕捉并再现人类的面部表情、肢体动作及情感变化，为用户带来自然流畅的交互体验。

（2）智能交互性：凭借强大的交互能力，AI 数字人能够与用户进行流畅对话与互动。它们能够准确理解用户意图，并根据上下文环境进行智能回应，从而模拟出类似真实社交的互动体验。

（3）个性化定制：AI 数字人支持根据用户需求进行个性化定制，涵盖外貌、性格、技能等多个维度。这种个性化设计不仅满足了用户对独特性的追求，还使得数字人能够灵活适应各种应用场景。

（4）持续自我学习与优化：AI 数字人具备持续自我学习与优化的能力。通过不断与用户交互并收集、分析数据，它们能够持续改进自身表现，提升交互的准确性和流畅性。

2. 技术实现

AI 数字人的核心特征背后，离不开一系列先进技术的强力支撑。以下是实现 AI 数字人技术的四大关键手段。

（1）3D 建模与渲染技术：借助高精度 3D 扫描、深度相机成像等先进技术，精准捕捉人体三维结构及外观细节，构建 AI 数字人的基础模型。同时，运用计算机图形学中的曲面建模、多边形建模等技术，精雕细琢面部五官、身体轮廓，并结合材质纹理映射技术，使 AI 数字人的皮肤质感、衣物纹理等细节栩栩如生。

（2）自然语言处理（Natural Language Processing，NLP）技术：NLP 技术是 AI 数字人实现智能

交互的关键。通过 NLP 技术，数字人能够准确理解用户输入的内容，并生成符合语境和语法规则的回复。此外，NLP 技术还能助力数字人进行情感分析、意图识别等复杂任务。

（3）计算机视觉技术：计算机视觉技术使 AI 数字人能够识别和理解图像及视频中的信息。通过该技术，AI 数字人能够捕捉并分析用户的表情、动作等细节，从而灵活调整自身行为，做出相应的反应。

（4）机器学习与深度学习技术：机器学习与深度学习技术是 AI 数字人实现自我学习与优化的核心。通过构建丰富的知识库和对话管理机制，AI 数字人能够进行连贯且智能的对话，并不断优化交互体验。同时，它们还能根据用户反馈实时调整自身行为，做出相应的反应，进一步提升交互的准确性和流畅性。

1.1.2 技术构成：语音识别、情感计算与多技术融合

AI 数字人的技术构成是一个复杂且多元的系统，它融合了多种先进技术，以实现高度拟真性、智能交互性、个性化定制，以及持续自我学习和优化等核心特性。其中，语音识别、情感计算及多技术融合是这一系统的重要组成部分。

1. 语音识别

语音识别是 AI 数字人实现自然语言交互的技术基础。它利用先进的语音识别算法和模型，将用户的语音输入转换为文本，进而进行后续的自然语言理解和处理。通过深度学习等技术，AI 数字人能够准确理解和响应用户的口头指令或对话内容，并逐渐适应不同用户的语音特征和口音，提供更加个性化的交互体验。

2. 情感计算

情感计算是 AI 数字人实现情感交互和智能化回应的关键技术。它涵盖情感识别、情感分析和情感反馈等多个方面，如图 1-1 所示。

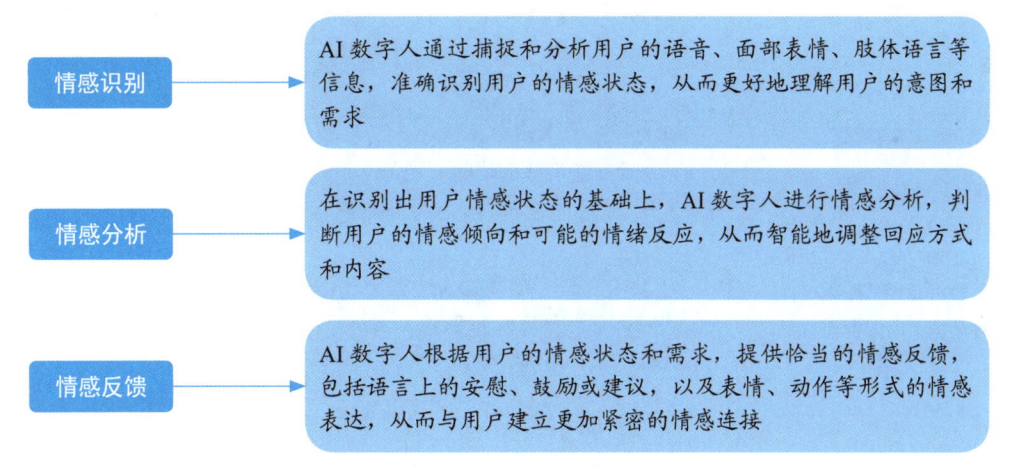

情感识别 → AI 数字人通过捕捉和分析用户的语音、面部表情、肢体语言等信息，准确识别用户的情感状态，从而更好地理解用户的意图和需求

情感分析 → 在识别出用户情感状态的基础上，AI 数字人进行情感分析，判断用户的情感倾向和可能的情绪反应，从而智能地调整回应方式和内容

情感反馈 → AI 数字人根据用户的情感状态和需求，提供恰当的情感反馈，包括语言上的安慰、鼓励或建议，以及表情、动作等形式的情感表达，从而与用户建立更加紧密的情感连接

图 1-1 AI 数字人的情感计算

3. 多技术融合

AI 数字人的技术构成还包括多种技术的融合，如自然语言处理、计算机视觉、3D 建模与渲染等技术。这些技术相互协作，使数字人在外貌、行为、情感和交互等多个层面实现高度拟真，如图 1-2 所示。

AI 数字人全面应用　　形象制作＋口播视频＋直播带货＋客服沟通

自然语言处理与计算机视觉技术的融合 → AI 数字人能够同时理解和处理用户的语言和视觉信息，如捕捉用户的面部表情和肢体语言，以更好地理解用户的意图和情感状态，提供更准确的回应和反馈。

3D 建模与渲染技术的融合 → 通过高精度的 3D 建模和渲染技术，AI 数字人能够模拟出人类的面部轮廓、五官比例、皮肤纹理等细节，以及细腻的表情和动作，增强用户的沉浸感和交互体验。

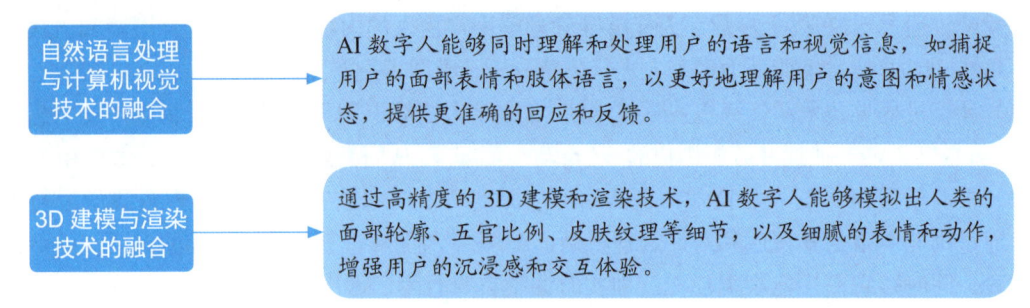

图 1-2　AI 数字人的多技术融合

1.1.3　AI 数字人：主要功能与多元应用场景解析

AI 数字人作为人工智能技术的前沿代表，凭借独特的技术优势和广泛的应用场景，正在逐步改变人们的生活方式和商业模式。下面介绍 AI 数字人的主要功能及其多元化应用场景。

扫码看视频

1. 主要功能

AI 数字人不仅仅是技术上的突破，更是功能上的全面创新。它能为用户提供前所未有的个性化体验，并在多媒体内容创作、电商营销、客户服务等多个领域展现出独特价值，如图 1-3 所示。

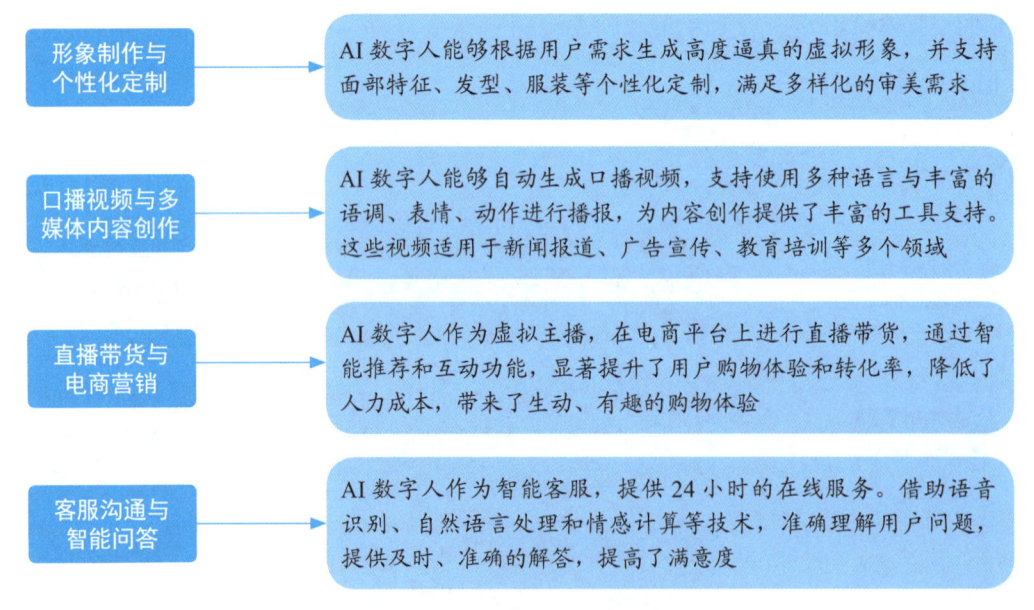

形象制作与个性化定制 → AI 数字人能够根据用户需求生成高度逼真的虚拟形象，并支持面部特征、发型、服装等个性化定制，满足多样化的审美需求

口播视频与多媒体内容创作 → AI 数字人能够自动生成口播视频，支持使用多种语言与丰富的语调、表情、动作进行播报，为内容创作提供了丰富的工具支持。这些视频适用于新闻报道、广告宣传、教育培训等多个领域

直播带货与电商营销 → AI 数字人作为虚拟主播，在电商平台上进行直播带货，通过智能推荐和互动功能，显著提升了用户购物体验和转化率，降低了人力成本，带来了生动、有趣的购物体验

客服沟通与智能问答 → AI 数字人作为智能客服，提供 24 小时的在线服务。借助语音识别、自然语言处理和情感计算等技术，准确理解用户问题，提供及时、准确的解答，提高了满意度

图 1-3　AI 数字人的主要功能

2. 多元应用场景

AI 数字人的多功能性使其在多个领域都展现出巨大的应用潜力。从娱乐媒体到电商零售，从金融服务到教育培训，再到旅游交通和企业宣传，AI 数字人都发挥着不可替代的作用。AI 数字人的多元应用场景如图 1-4 所示。

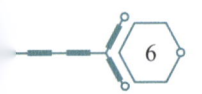

第 1 章 » 新手入门：初识 AI 数字人

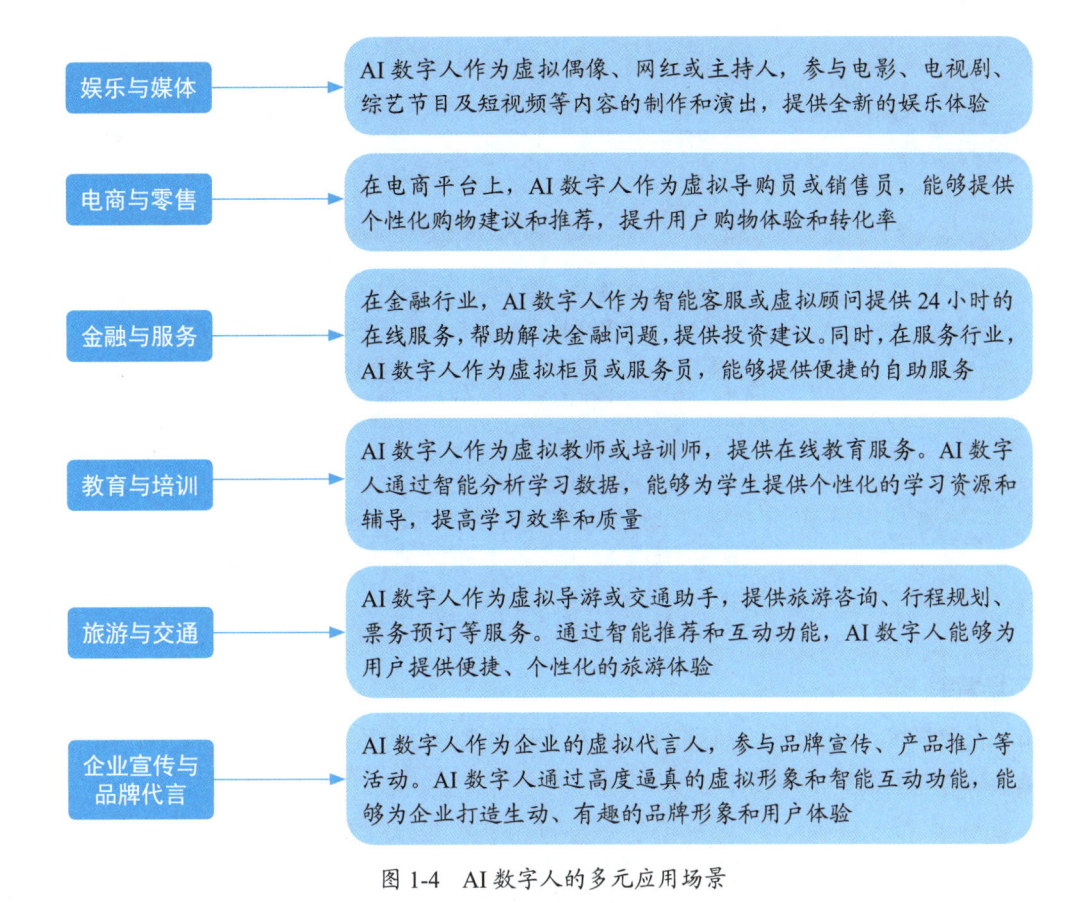

娱乐与媒体	AI 数字人作为虚拟偶像、网红或主持人，参与电影、电视剧、综艺节目及短视频等内容的制作和演出，提供全新的娱乐体验
电商与零售	在电商平台上，AI 数字人作为虚拟导购员或销售员，能够提供个性化购物建议和推荐，提升用户购物体验和转化率
金融与服务	在金融行业，AI 数字人作为智能客服或虚拟顾问提供 24 小时的在线服务，帮助解决金融问题，提供投资建议。同时，在服务行业，AI 数字人作为虚拟柜员或服务员，能够提供便捷的自助服务
教育与培训	AI 数字人作为虚拟教师或培训师，提供在线教育服务。AI 数字人通过智能分析学习数据，能够为学生提供个性化的学习资源和辅导，提高学习效率和质量
旅游与交通	AI 数字人作为虚拟导游或交通助手，提供旅游咨询、行程规划、票务预订等服务。通过智能推荐和互动功能，AI 数字人能够为用户提供便捷、个性化的旅游体验
企业宣传与品牌代言	AI 数字人作为企业的虚拟代言人，参与品牌宣传、产品推广等活动。AI 数字人通过高度逼真的虚拟形象和智能互动功能，能够为企业打造生动、有趣的品牌形象和用户体验

图 1-4　AI 数字人的多元应用场景

1.2　什么人会用到 AI 数字人？

随着 AI 数字人技术的不断进步和普及，其应用场景日益丰富，吸引了众多不同领域的用户。那么，究竟哪些人会用到 AI 数字人技术呢？本节将从企业用户、个人用户和政府机构三个维度，深入探讨 AI 数字人的广泛应用。

1.2.1　企业用户：客户服务、市场营销与内部培训

在数字化转型的浪潮中，AI 数字人技术正以独特的优势和无限的潜力，深刻重塑着企业的运营模式和客户体验。从客户服务到市场营销，再到内部培训，AI 数字人已成为企业不可或缺的重要工具。下面将对 AI 数字人在这些领域的应用进行深度探讨，帮助企业用户更好地理解并充分利用这一前沿技术。

扫码看视频

1. 客户服务

在客户服务领域，AI 数字人凭借强大的自然语言处理和情感识别技术，能够为客户提供更加智能和个性的服务体验。AI 数字人在客户服务领域的应用如图 1-5 所示。

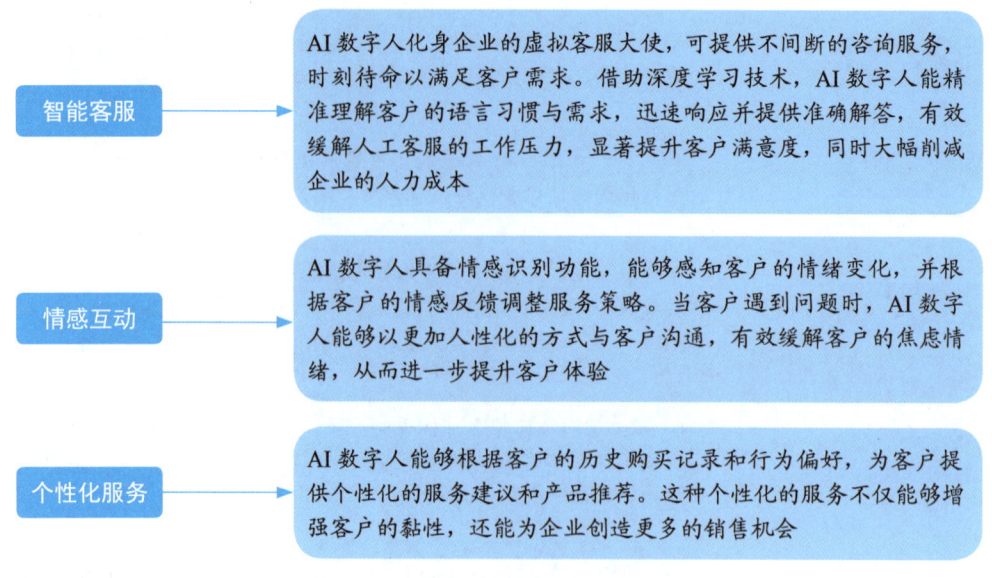

智能客服 → AI数字人化身企业的虚拟客服大使，可提供不间断的咨询服务，时刻待命以满足客户需求。借助深度学习技术，AI数字人能精准理解客户的语言习惯与需求，迅速响应并提供准确解答，有效缓解人工客服的工作压力，显著提升客户满意度，同时大幅削减企业的人力成本

情感互动 → AI数字人具备情感识别功能，能够感知客户的情绪变化，并根据客户的情感反馈调整服务策略。当客户遇到问题时，AI数字人能够以更加人性化的方式与客户沟通，有效缓解客户的焦虑情绪，从而进一步提升客户体验

个性化服务 → AI数字人能够根据客户的历史购买记录和行为偏好，为客户提供个性化的服务建议和产品推荐。这种个性化的服务不仅能够增强客户的黏性，还能为企业创造更多的销售机会

图 1-5　AI数字人在客户服务领域的应用

2. 市场营销

在市场营销领域，AI数字人以独特的形象和表现力成为企业品牌传播的有力工具。AI数字人在市场营销领域的应用如图1-6所示。

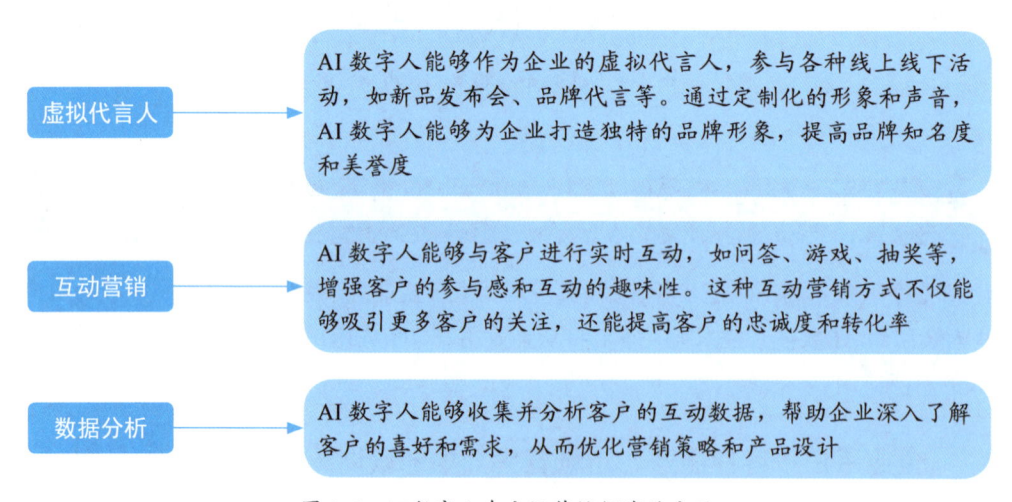

虚拟代言人 → AI数字人能够作为企业的虚拟代言人，参与各种线上线下活动，如新品发布会、品牌代言等。通过定制化的形象和声音，AI数字人能够为企业打造独特的品牌形象，提高品牌知名度和美誉度

互动营销 → AI数字人能够与客户进行实时互动，如问答、游戏、抽奖等，增强客户的参与感和互动的趣味性。这种互动营销方式不仅能够吸引更多客户的关注，还能提高客户的忠诚度和转化率

数据分析 → AI数字人能够收集并分析客户的互动数据，帮助企业深入了解客户的喜好和需求，从而优化营销策略和产品设计

图 1-6　AI数字人在市场营销领域的应用

3. 内部培训

在内部培训领域中，AI数字人以灵活性和可定制性成为企业培训员工的得力助手。AI数字人在内部培训领域的应用如图1-7所示。

第 1 章 新手入门：初识 AI 数字人

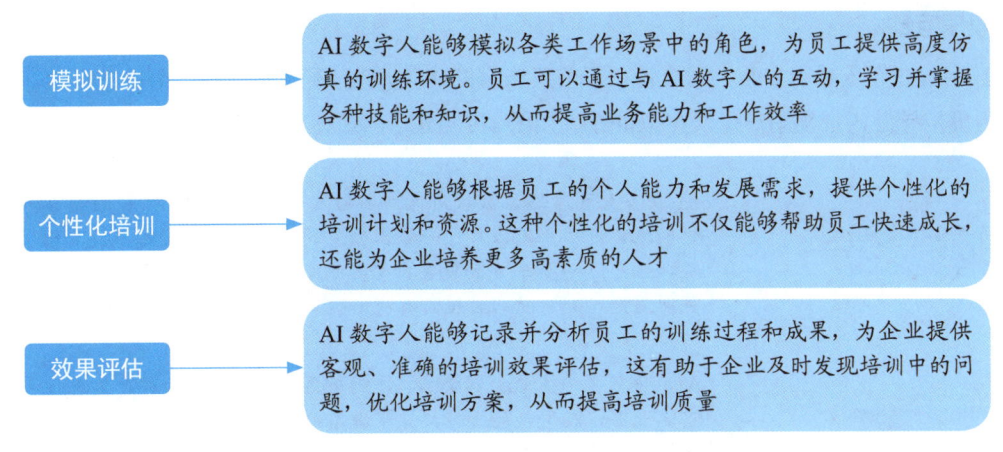

模拟训练	AI 数字人能够模拟各类工作场景中的角色，为员工提供高度仿真的训练环境。员工可以通过与 AI 数字人的互动，学习并掌握各种技能和知识，从而提高业务能力和工作效率
个性化培训	AI 数字人能够根据员工的个人能力和发展需求，提供个性化的培训计划和资源。这种个性化的培训不仅能够帮助员工快速成长，还能为企业培养更多高素质的人才
效果评估	AI 数字人能够记录并分析员工的训练过程和成果，为企业提供客观、准确的培训效果评估，这有助于企业及时发现培训中的问题，优化培训方案，从而提高培训质量

图 1-7　AI 数字人在内部培训领域的应用

1.2.2　个人用户：虚拟助手与娱乐互动的智能体验

随着科技的飞速发展，AI 数字人已经逐渐融入我们的日常生活。AI 数字人在个人用户日常生活中有两个主要应用场景：虚拟助手和娱乐互动。下面将深入探讨 AI 数字人在这些场景下的具体应用和优势。

扫码看视频

1. 虚拟助手

在日常生活中，个人用户常常需要处理各种琐碎的事务，如设置日程，查询天气，播放音乐，控制智能家居等。AI 数字人作为虚拟助手，能够极大地简化这些流程，让个人用户的生活更加便捷，如图 1-8 所示。

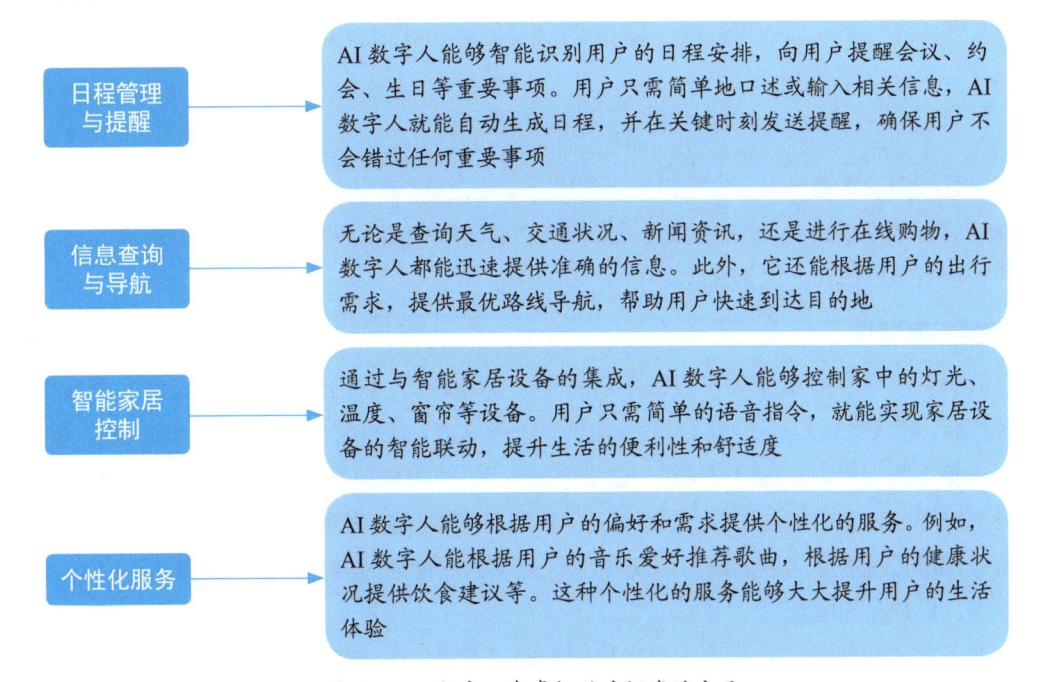

日程管理与提醒	AI 数字人能够智能识别用户的日程安排，向用户提醒会议、约会、生日等重要事项。用户只需简单地口述或输入相关信息，AI 数字人就能自动生成日程，并在关键时刻发送提醒，确保用户不会错过任何重要事项
信息查询与导航	无论是查询天气、交通状况、新闻资讯，还是进行在线购物，AI 数字人都能迅速提供准确的信息。此外，它还能根据用户的出行需求，提供最优路线导航，帮助用户快速到达目的地
智能家居控制	通过与智能家居设备的集成，AI 数字人能够控制家中的灯光、温度、窗帘等设备。用户只需简单的语音指令，就能实现家居设备的智能联动，提升生活的便利性和舒适度
个性化服务	AI 数字人能够根据用户的偏好和需求提供个性化的服务。例如，AI 数字人能根据用户的音乐爱好推荐歌曲，根据用户的健康状况提供饮食建议等。这种个性化的服务能够大大提升用户的生活体验

图 1-8　AI 数字人在虚拟助手领域的应用

9

2. 娱乐互动

AI 数字人在娱乐互动方面为用户带来了前所未有的体验。它们不仅能够陪伴用户进行游戏、聊天，还能作为虚拟导游，带领用户探索虚拟世界，如图 1-9 所示。

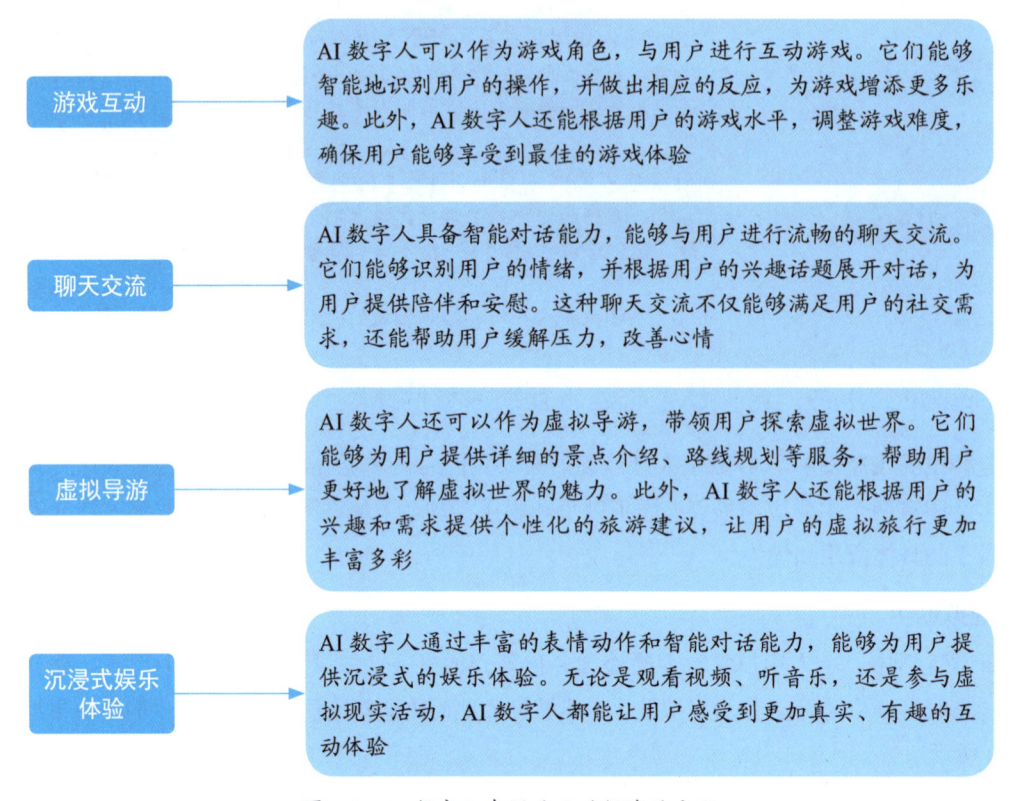

游戏互动：AI 数字人可以作为游戏角色，与用户进行互动游戏。它们能够智能地识别用户的操作，并做出相应的反应，为游戏增添更多乐趣。此外，AI 数字人还能根据用户的游戏水平，调整游戏难度，确保用户能够享受到最佳的游戏体验

聊天交流：AI 数字人具备智能对话能力，能够与用户进行流畅的聊天交流。它们能够识别用户的情绪，并根据用户的兴趣话题展开对话，为用户提供陪伴和安慰。这种聊天交流不仅能够满足用户的社交需求，还能帮助用户缓解压力，改善心情

虚拟导游：AI 数字人还可以作为虚拟导游，带领用户探索虚拟世界。它们能够为用户提供详细的景点介绍、路线规划等服务，帮助用户更好地了解虚拟世界的魅力。此外，AI 数字人还能根据用户的兴趣和需求提供个性化的旅游建议，让用户的虚拟旅行更加丰富多彩

沉浸式娱乐体验：AI 数字人通过丰富的表情动作和智能对话能力，能够为用户提供沉浸式的娱乐体验。无论是观看视频、听音乐，还是参与虚拟现实活动，AI 数字人都能让用户感受到更加真实、有趣的互动体验

图 1-9　AI 数字人在娱乐互动领域的应用

1.2.3　政府机构：优化公共服务与城市管理

在数字化转型的大趋势下，政府机构正积极寻求通过 AI 数字人技术来提升公共服务质量和城市管理效率的途径。AI 数字人凭借智能化、高效化和人性化的优势，正逐步成为政府机构创新服务模式、优化管理流程的关键工具。

扫码看视频

1. 公共服务领域

在公共服务领域，AI 数字人正引领一场前所未有的变革。它们不仅为公众提供了更为便捷、高效的服务体验，还极大地丰富了政府与民众之间的交互方式，使得公共服务更加贴近民心，顺应民意。

（1）虚拟客服与咨询：政府机构可以部署 AI 数字人作为虚拟客服，为公众提供全天候、不间断的在线咨询服务，相关示例如图 1-10 所示。AI 数字人能够智能识别公众的问题，提供准确、及时的解答，有效缓解传统客服渠道的压力。同时，AI 数字人还能通过自然语言处理技术与公众进行流畅的对话交流，提升服务体验。

（2）政策宣传与解读：AI 数字人可以更加生动、直观地展示与解读政策内容，提高公众的参与度和理解度。例如，AI 数字人能够模拟真实人物的形象和声音，结合动画、图表等多种形式，将复

10

杂的政策条款转换为易于理解的信息，帮助公众更好地了解政策背景、目的和具体措施。

（3）在线办事与预约：AI 数字人还可以集成到政府机构的在线办事系统中，提供在线办事预约、材料审核、进度查询等功能。借助 AI 数字人的引导，公众可以更加便捷地完成各项办事流程，减少线下排队等待的时间，提高办事效率。

图 1-10　AI 数字人作为虚拟客服的相关示例

2. 城市管理领域

将 AI 数字人技术引入城市管理领域，标志着城市管理正向智能化、高效化迈进。这一技术的运用不仅促进了城市管理的精细度和响应速度，还极大地提升了公共服务的质量和效率。

1.3　何时使用 AI 数字人？

何时使用 AI 数字人以让其发挥最大效用？在企业日常运营及特殊时期，AI 数字人均能展现出独特价值。本节先深入探讨 AI 数字人在企业日常运营中的应用，然后分析其在特殊时期的关键作用。通过这些实例，用户可以了解如何有效利用 AI 数字人，推动业务发展和提升服务质量。

1.3.1　日常运营：AI 数字人优化服务与内容创作

在企业的日常运营中，AI 数字人以其高效、智能的特点，成为提升服务质量、优化运营效率的重要工具。下面是 AI 数字人在日常运营中的两大主要应用场景。

1. 客户服务与咨询

AI 数字人可以提供不间断的客户服务，确保服务的连续性，提升客户满意度与忠诚度，同时降低企业的人力成本。

扫码看视频

（1）即时响应：AI 数字人能够迅速识别并回应客户咨询，大幅缩短了客户的等待时间。其相关示例如图 1-11 所示。

（2）精准解答：借助深度学习和自然语言处理技术，AI 数字人能准确理解客户问题，提供专业、精准的解答，提升服务效率与质量。

（3）个性化体验：基于用户历史记录和行为偏好，AI 数字人能提供个性化的服务建议，增强用户体验与黏性。

图 1-11　AI 数字人客服的相关示例

2. 内容创作与生成

在内容创作过程中，AI 数字人可以随时被调用，根据创作者的需求生成内容。这种智能化的创作方式，不仅提高了内容的生产速度，还丰富了内容的多样性和创新性。

（1）高效创作：AI 数字人能快速理解用户需求，即时生成符合要求的内容，缩短内容创作周期。

（2）多样化内容形式：AI 数字人支持文本、图片、音频、视频等多种内容形式，可以满足不同场景下的需求。

（3）创意激发：通过算法分析与创意生成技术，AI 数字人能为用户提供新灵感与创意点，助力用户打造更具吸引力的内容。

1.3.2　特殊时期：AI 数字人赋能电商与医疗急救

在特定时间节点或紧急情境下，AI 数字人的应用凸显了其无可比拟的价值与优势。以下两个典型实例，展示了 AI 数字人在特殊时期如何发挥关键作用。

1. 电商促销活动期间

在"双 11""618"等大型电商促销盛宴中，AI 数字人主播成了电商平台的得力伙伴。它们能够全天候、不间断地进行直播，详尽介绍商品特色，实时解答消费者疑问，从而大幅提升商品销量。相较于传统主播，AI 数字人主播不受时间与精力的限制，能够持续、高效地提供服务，为电商促销活动带来了全新动力，其相关示例如图 1-12 所示。

第 1 章 新手入门：初识 AI 数字人

图 1-12 AI 数字人电商主播的相关示例

2. 医疗紧急事件

面对突发公共卫生事件等医疗紧急情况，AI 数字人同样展现出了非凡的能力。例如，AI 数字人导诊系统能够迅速、准确地为患者提供就医指引，有效缓解医院工作人员的压力。

借助自然语言处理和语音识别技术，AI 数字人导诊能够即时理解患者需求，提供详尽的就诊建议，同时减少患者与医护人员的直接接触，从而降低交叉感染的风险。这种智能化的导诊模式，不仅提升了医院的运营效率，也确保了患者的就医安全。

1.4 在哪些场景下可以使用 AI 数字人？

在探讨 AI 数字人的广泛应用时，我们不难发现，AI 数字人的触角已经延伸至线上平台、线下场景以及虚拟空间等多个领域，为用户的生活和工作带来了前所未有的变革。本节我们将逐一深入这些场景，看看 AI 数字人是如何在其中发挥作用的。

1.4.1 线上平台：直播带货与品牌互动

在线上平台，AI 数字人凭借其强大的功能与独特的吸引力，正逐渐成为各行各业的新宠。下面介绍 AI 数字人在该领域的两大核心应用场景。

扫码看视频

1. 直播带货的新势力

在直播带货领域，AI 数字人主播正以独特的魅力吸引大量观众。它们不受时间与空间的束缚，能够全天候地进行直播，详细介绍商品，并实时互动，解答消费者疑问。AI 数字人主播还能根据观众反馈灵活调整直播内容，提升直播的吸引力和转化率。在电商平台上，AI 数字人主播已成为一种创新的营销方式，为商家创造了可观的经济效益，其相关示例如图 1-13 所示。

13

图1-13　AI数字人直播带货的相关示例

2. 品牌互动的新使者

在社交媒体和品牌推广中，AI数字人作为互动新使者的角色愈发重要。它们能够模拟人类的语音、表情和动作，与用户进行自然、流畅的沟通。AI数字人还能根据用户反馈持续优化言行风格，更好地满足用户需求。通过与AI数字人的互动，品牌能够与用户建立更加紧密的联系，提升品牌知名度和用户忠诚度。

综上所述，AI数字人在线上平台的应用越来越广泛，不仅为用户提供了高效、便捷的客户服务，还为品牌推广和营销带来了前所未有的机遇。随着技术的不断进步和应用的持续深化，AI数字人在线上平台的作用将更加突出。

1.4.2　线下场景：引领个性化服务与智能体验

随着人工智能技术的不断进步，AI数字人的应用已经不仅仅局限于线上平台，它们也越来越多地在线下场景中发挥着不可或缺的作用。通过担任虚拟导购、个性化讲解员和虚拟接待员等角色，AI数字人正在为各类服务场所带来个性化服务和智能化体验，不仅提升了服务效率，还能根据顾客的需求和偏好进行精准的推荐和互动，带来全新的用户体验。

下面将深入探讨AI数字人在零售商店、文化场所和接待行业中的应用，展示它们如何通过个性化和智能化的服务打破传统服务的局限。

1. 虚拟导购

虚拟导购是AI数字人在零售商店和购物中心的典型应用之一。通过图像识别和语音交互等技术，虚拟导购可以为顾客提供实时的商品推荐及详细的商品信息介绍。例如，在服装店或化妆品店，虚拟导购可以帮助顾客选择最适合自己肤质和需求的产品，并让顾客进行虚拟试妆。

2. 个性化讲解员

AI数字人作为个性化讲解员，广泛应用于博物馆、展览馆、展会等文化场所。在这些场所中，

AI 数字人能够根据游客的兴趣和需求，提供定制化的讲解服务。如在博物馆中，AI 数字人可以根据游客的喜好介绍相关展品，讲解历史背景与艺术价值等内容，并可以与游客实时互动，回答他们的问题。与传统讲解员相比，AI 讲解员能够提供多语言服务，满足来自不同文化背景的游客的需求。

3. 虚拟接待员

在酒店、机场等接待场所，AI 数字人作为虚拟接待员，能够为顾客提供定制化、个性化的服务。它们可以通过语音和触摸屏与顾客互动，提供酒店入住信息填写、航班查询、地图导航等服务。

例如，在高端酒店，AI 接待员不仅能帮助顾客办理入住，还能根据顾客的偏好推荐餐厅、娱乐项目，从而提升顾客的整体入住体验。

综上所述，AI 数字人在线下场景中的应用正不断拓展与深化。作为虚拟导购、个性化讲解员及虚拟接待员，它们为人们的生活与工作带来了更多便利与乐趣。随着技术的不断进步与应用场景的持续创新，AI 数字人将在未来发挥更加重要的作用，成为线下场景中不可或缺的重要组成部分。

1.4.3 虚拟空间：跨平台互动与个性化服务

随着虚拟现实（Virtual Reality，VR）、增强现实（Augmented Reality，AR）及混合现实（Mixed Reality，MR）技术的迅猛发展，虚拟空间已成为现实与数字世界融合的中介。在此背景下，AI 数字人作为虚拟空间的核心构成，正展现出其在跨平台互动与个性化服务方面的巨大潜能。

扫码看视频

1. 跨平台互动

AI 数字人在虚拟空间中的显著优势在于其跨平台互动能力。借助先进的识别与追踪技术，AI 数字人能够轻松跨越不同虚拟平台，实现无缝连接与互动。无论是在游戏、社交、教育还是娱乐场景，用户都能与 AI 数字人进行流畅交互，享受连贯且一致的体验。这种跨平台互动不仅丰富了虚拟空间的内容与形式，更为用户提供了便捷、高效的互动方式。

2. 个性化服务

在虚拟空间中，AI 数字人能够基于用户的个人喜好、行为模式及历史数据，提供个性化的服务。在虚拟购物场景中，AI 数字人可以根据用户的购物历史和偏好，智能推荐符合其需求的商品，优化购物体验；在虚拟教育场景中，AI 数字人能根据学生的学习进度和能力，提供定制化的教学资源和辅导服务，这种个性化的服务不仅满足了用户的多样化需求，还提升了虚拟空间的实用价值和用户满意度。

1.5 为什么要用 AI 数字人？

在当今科技快速发展的时代，AI 数字人的应用正逐渐成为企业转型升级、提升竞争力的关键所在。那么，我们究竟为什么要采用 AI 数字人呢？接下来，将从降低成本、提高效率、增强体验及推动创新等多个维度，深入探讨 AI 数字人为企业所带来的深远影响。

1.5.1 降低成本：替代人工客服，提高服务效率与节省开支

在当今竞争激烈的商业环境中，企业为了保持市场地位，不仅需要提供卓越的产品和服务，还需持续优化其运营成本结构。AI数字人在此背景下应运而生，成为企业替代人工客服，提高服务效率与节省开支的理想选择。

扫码看视频

1. 替代人工客服

AI数字人能够全天候、不间断地提供服务，无须休息或休假，从而显著减少了企业对传统人工客服的依赖。它们能够高效处理大量客户咨询和问题，快速响应客户需求，提升客户的满意度。同时，AI数字人不受地理位置限制，为企业提供了更广泛的服务覆盖范围，增强了企业的服务能力和灵活性。

2. 提高服务效率

基于先进的算法和模型，AI数字人能够迅速处理和分析大量数据，准确识别客户需求和问题，并提供针对性的解决方案。这种高效的处理能力不仅提高了客户满意度，还显著提升了企业的运营效率。与人工客服相比，AI数字人能够同时处理多个客户请求，大幅减少等待和处理时间，提高了整体服务效率和质量。

例如，AI数字人可以作为客户经理或理财经理，快速完成客户信息的梳理与风险偏好的评估，如图1-14所示。以往人工处理这些工作需耗费大量时间与精力，现在借助AI数字人，可同时为多位客户制定个性化理财方案，大大提升了服务效率，助力业务快速拓展。

图1-14 AI数字人作为客户经理或理财经理的相关示例

3. 节省开支

与雇用真实员工相比，企业使用AI数字人无须支付薪水、福利等费用，也无须承担招聘、培训等额外成本，这为企业节省了大量的人力资源开支，有助于优化成本结构，提高盈利能力。此外，AI数字人的维护成本相对较低，且随着技术的不断进步，其性能和效率将持续提升，进一步降低企业的运营成本。

综上所述，AI 数字人在替代人工客服、提高服务效率与节省开支方面展现出显著优势。它们不仅能够为企业提供全天候、高效且个性化的服务，还能够显著降低企业的运营成本，提升企业的市场竞争力和盈利能力。未来，随着技术的不断进步和应用场景的深入拓展，AI 数字人将在更多领域发挥重要作用，为企业创造更大的价值。

1.5.2 提高效率：加速数据处理与响应优化

在当今瞬息万变的商业环境中，效率已成为企业生存与发展的核心要素。为了提升工作效率，企业不断探索创新技术与方法，其中 AI 数字人的应用尤为引人注目。AI 数字人凭借其高效处理和快速响应的卓越能力，大大地促进了企业生产力的发展。

1. 高效处理

AI 数字人依托先进的算法与模型，能够迅速处理海量数据与信息。它们能在极短时间内完成数据的筛选、分析及处理工作，为企业提供精准、及时的数据支持。这种高效的处理能力不仅加快了业务处理速度，还显著提升了数据处理的精确度和可靠性。

2. 快速响应

AI 数字人具备即时响应的能力，能够迅速满足用户的请求与需求。无论是简单的咨询还是复杂的业务难题，AI 数字人都能在极短时间内提供答复或解决方案。这种快速响应不仅极大地提升了用户体验，还大幅缩短了人工客服的等待时间，进一步提高了整体服务效率。

1.5.3 增强体验：真实感与交互性带来沉浸式体验

在数字化时代迅猛发展的当下，用户体验已成为评价产品或服务优劣的核心要素。为了在激烈的市场竞争中占据优势，企业持续探索创新路径。AI 数字人凭借卓越的真实感和交互性，为用户创造了一种前所未有的沉浸式体验。

1. 真实感

AI 数字人借助前沿的图形渲染技术和深度学习算法，能够呈现出栩栩如生、细腻入微的外貌和动作。无论是面部表情，还是肢体动作与语言交流，AI 数字人都力求与现实人物无异。这种高度的真实感使用户在与 AI 数字人互动时，仿佛置身于真实的人际交流中，极大地增强了用户的沉浸感和参与感。

2. 交互性

AI 数字人具备强大的交互能力，能够与用户进行自然流畅的对话。它们能够精准捕捉用户的意图和需求，并根据用户的反馈进行实时调整。无论是简单的问答，还是复杂的任务处理，AI 数字人都能以用户为中心，提供个性化的服务。这种交互性不仅提升了用户的服务体验，还让用户能够更轻松地与 AI 数字人建立联系，享受更加便捷、高效的服务。

1.5.4 推动创新：商业模式革新、行业应用范围拓展与创造商业机会

在数字化与智能化快速发展的今天，AI 数字人凭借独特的交互性、高度真实感和情感连接，正逐步成为推动商业模式革新、拓展行业应用范围及创造商业机会的重要力量。

1. 推动商业模式革新

AI 数字人的出现，正在深刻重塑着传统商业模式的面貌。它们不仅作为虚拟助手或虚拟客服，提供全天候、高效且个性化的服务，还借助大数据分析、用户画像等先进技术，助力企业精准捕捉市场需求，优化产品设计与服务流程。

此外，AI 数字人还可扮演虚拟代言人、品牌大使等角色，通过社交媒体、直播平台等渠道与消费者深度互动，显著提升品牌知名度与用户忠诚度。这些商业模式革新不仅提高了企业的运营效率，也为用户带来了更为便捷、有趣的消费体验。

2. 拓展行业应用范围

AI 数字人的行业应用范围正不断拓展，已从娱乐、教育、医疗等传统行业，延伸至金融、零售、旅游等新兴领域。在娱乐行业，AI 数字人作为虚拟偶像、游戏角色，与用户实时互动，丰富娱乐体验；在教育领域，它们作为虚拟教师或学习伙伴，为学生提供个性化辅导与陪伴；在医疗行业，AI 数字人则作为医疗助手或患者陪伴，提供心理支持、康复指导等服务。图 1-15 所示为北京字节跳动科技有限公司推出的虚拟偶像女团 A-SOUL。

图 1-15　虚拟偶像女团 A-SOUL

此外，在金融、零售、旅游等行业，AI 数字人也发挥着重要作用，如提供虚拟客服、智能导购、虚拟导游等服务，极大地提升了用户的消费体验。

3. 创造商业机遇

随着 AI 数字人技术的日益成熟和应用场景的持续拓展，众多商业机遇正不断涌现。一方面，AI 数字人的研发、设计、制作等产业链正逐步成熟和完善，为相关企业和个人提供了丰富的就业机会和创业机会；另一方面，AI 数字人的广泛应用也为企业带来了更多的商业合作和盈利空间。

例如，企业可以与 AI 数字人制作公司合作，共同打造虚拟代言人、品牌大使等角色，提升品牌形象和市场竞争力，相关示例如图 1-16 所示。同时，企业利用 AI 数字人进行产品推广、营销活动策划等，也能有效提升营销效率和用户参与度。

图 1-16　AI 数字人虚拟代言人的相关示例

1.6　本章小结

本章首先介绍了 AI 数字人的基本概念，包括其核心特征、技术实现，以及主要功能与多元应用场景的解析。接着介绍了 AI 数字人的用户群体，包括企业用户、个人用户和政府机构，并详细说明了它们在不同场景下对 AI 数字人的应用需求。然后介绍了 AI 数字人的使用时机，包括在日常运营中优化服务与内容创作，以及在特殊时期（如电商促销、医疗急救等场景下）的应用。最后介绍了使用 AI 数字人的重要原因，包括降低成本，提高效率和体验及推动创新等方面。通过本章内容的学习，读者可以对 AI 数字人有一个全面而深入的了解。

1.7 课后习题

1. 请简要描述 AI 数字人的核心功能，并解释其在企业用户中的实际应用价值。

答：AI 数字人的核心功能涵盖形象制作、内容创作及智能服务。形象制作即 AI 数字人具备逼真的外观与动作，模拟人类形象；内容创作即 AI 数字人能生成文字、图像、音频或视频等多样化的内容；智能服务即 AI 数字人借助自然语言处理、语音识别等技术，实现与用户的高效交互，提供个性化服务。

在企业用户中，AI 数字人的应用价值显著。它们可作为智能客服，24 小时提供服务，提升客户满意度；也可作为虚拟代言人，助力市场营销，吸引用户关注，增强品牌影响力；此外，还能用于内部培训，模拟真实场景，提高员工技能水平。

2. 请列举 AI 数字人在不同场景下的应用，并解释其为何能在这些场景中发挥作用。

答：AI 数字人在多种场景下展现出广泛应用。在线上平台，AI 数字人作为虚拟客服，提供咨询服务，同时通过直播带货、互动代言等方式，增强用户黏性，提升销售额。它们能模拟人类的行为与语言，实现自然交互，满足个性化服务需求。

在线下场景，AI 数字人作为虚拟导购，提供购物指引和商品介绍服务，优化购物体验；在个性讲解和互动体验方面，如博物馆导览、景区讲解等，它们能根据用户需求提供定制化服务，丰富用户信息获取体验。

在虚拟空间，AI 数字人可实现跨平台互动，提供个性化服务体验；同时，它们作为未来展望的代表，预示人工智能技术的发展方向。它们融合多种技术，实现智能化交互，为用户带来了全新体验和价值。

第 2 章

形象了解：11 种 AI 数字人

章前知识导读 ▶▶▶▶▶▶▶

本章将深入探讨 11 种 AI 数字人，这些数字人从虚拟形象到仿真人形，形态各异且功能强大，不仅拓宽了数字娱乐的边界，还为口播视频、直播带货和客服沟通等领域提供了高效的技术支持与创新应用，助力行业升级与发展。

新手重点索引 ▶▶▶▶▶▶▶

- 虚拟数字人
- 真人数字人

效果图片欣赏 ▶▶▶▶▶▶▶

2.1 虚拟数字人

本节将展现从卡通到超写实级别的多样化虚拟人物。这些数字技术创造的虚拟角色被广泛应用于游戏、社交、广告、教育等领域,并以智能交互技术提供沉浸式体验。

2.1.1 卡通数字人:定义、应用领域与制作工具

1. 定义

卡通数字人是一种采用卡通风格精心设计的数字虚拟人物。借助先进的计算机图形学、深度学习及人工智能技术,这些数字人能够展现出丰富的表情变化、流畅的动作,以及多样化的语音输出,为用户营造沉浸式的互动体验。卡通数字人相关示例如图2-1所示。

图2-1 卡通数字人相关示例

2. 应用领域

以下是卡通数字人的应用领域。

(1)游戏娱乐:作为虚拟游戏角色,提供个性化的游戏体验。
(2)社交媒体:用作头像、贴纸、表情包,增强社交互动的趣味性。
(3)广告营销:助力品牌吸引年轻消费者。
(4)影视制作:作为视觉角色或特效元素,丰富影片的视觉效果。
(5)教育培训:作为教学助手,以生动有趣的方式传授知识。

3. 制作工具

在卡通数字人的制作流程中,多款制作工具发挥着至关重要的作用。以下是几款常用的制作工具。

(1)3D建模软件:如Blender、Maya、ZBrush等,这些软件是制作卡通数字人的基础工具,用于三维建模、雕刻、贴图、渲染等工作,为数字人的塑造提供了坚实的基础。

(2)智能生成工具:如MetaHuman(基于虚幻引擎)等,这些软件利用预设数据和算法,能够自动生成逼真的数字人角色,极大地简化了制作流程,提高了制作效率。

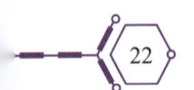

（3）动画与渲染引擎：如 Unity、虚幻引擎等，这些引擎支持卡通数字人的动画生成、实时渲染及交互功能的实现，为卡通数字人的广泛应用提供了强大的技术支持，确保了数字人物的生动与真实。

借助这些工具，用户可以轻松打造风格各异、卡通趣味的数字人，满足其在不同领域的应用需求。随着技术的不断进步，未来卡通数字人的制作将更加便捷、高效，为用户带来更加丰富、多元的数字体验。

2.1.2 视频数字人：定义、应用领域与场景案例

1. 定义

视频数字人是 AI 数字人技术的一个重要分支，即通过先进的计算机图形学、人工智能及动作捕捉技术，在视频中创造出高度逼真且具备交互能力的虚拟人物。这些数字人不仅外形栩栩如生，还能根据预设脚本或用户指令实时生成动作、表情及语言，为用户营造沉浸式的视觉体验。

2. 应用领域

视频数字人在多个领域展现出了广阔的应用前景，如下所示。
（1）娱乐产业：作为角色融入影视、游戏及动漫，增添创意性与吸引力。
（2）广告营销：担任品牌代言人或虚拟偶像，提升品牌形象。
（3）在线教育：作为虚拟讲师，提供生动、有趣的课程内容。
（4）虚拟现实：在虚拟场景中与用户互动，增强用户体验。

3. 场景案例

某知名品牌利用视频数字人技术打造了一位独具风格与魅力的虚拟代言人。这位虚拟代言人外形精致，表情生动，能在广告视频中对产品进行介绍和推广，受到了大量用户的关注与喜爱。通过数字人的宣传，该品牌的知名度与销售额显著提升。

图 2-2 所示为视频数字人在广告营销领域的一个实际应用案例。视频数字人的生动表现使广告视频更加引人注目，为用户带来了震撼的视觉效果。这一案例充分体现了视频数字人在提升品牌形象与营销转化率方面的巨大市场潜力。

图 2-2 视频数字人在广告营销领域的应用示例

2.1.3 仿真数字人：定义、特性与应用场景

1. 定义

仿真数字人是指在外观、动作、表情及语音等方面高度模拟真实人类的数字人物。它们具备精细的面部特征、逼真的皮肤质感、自然的动作及丰富的表情变化，能为用户提供近乎真实的互动体验，其相关示例如图 2-3 所示。

图 2-3 仿真数字人的相关示例

2. 特性

以下是对仿真数字人特性的介绍。

（1）逼真性：仿真数字人通过先进的图形渲染技术和人工智能算法，实现了在外观和表现上与真人高度相似的效果。

（2）互动性：具备实时语音对话、动作反应等交互能力，能够提升用户的参与感和体验感。

（3）可定制性：形象、声音、动作等均可根据用户需求进行个性化定制，能满足不同场景下的应用需求。

3. 应用场景

以下是对仿真数字人应用场景的详细介绍。

（1）影视制作：用于创造或替代角色，提升视觉效果，丰富剧情表现。

（2）游戏开发：作为游戏角色，增强 NPC（Non-Player Character，非玩家角色）的交互性和真实性。

（3）虚拟创作：打造虚拟偶像和虚拟主播，开拓全新的娱乐形式和市场机会。

（4）教育培训：担任虚拟讲师与助教，提供生动、有趣的在线教学体验。

（5）医疗康复：用于模拟患者和康复训练，辅助医疗人员进行治疗和评估。

（6）其他领域：包括虚拟导游、数字人 IP（Intellectual Property，知识产权）等，广泛应用于旅游、广告、传媒等多个行业。

2.1.4 超写实数字人：定义、特性与场景案例

1. 定义

超写实数字人（Hyper-realistic Digital Humans）是指利用数字技术创造出来的具有超高逼真度的虚拟人物。这种虚拟人物在外观、表情、动作等方面与真实的人类非常相似，甚至难以区分其与真人的区别。超写实数字人可以用于电影制作、游戏开发、广告宣传、虚拟现实等领域，为观众带来更加真实和沉浸式的体验，其相关示例如图 2-4 所示。

图 2-4 超写实数字人示例

2. 特性

以下是关于超写实数字人主要特性的介绍。

（1）高度逼真：外观与真实人类高度相似。

（2）自然动作：动作捕捉技术实现流畅自然。

（3）智能交互：识别用户声音、面部表情及动作与实时反应。

（4）可定制性：支持对形象、声音、动作等多个维度进行个性化定制。

3. 场景案例

以下是关于超写实数字人的应用场景与举例介绍。

（1）影视制作：超写实数字人在影视制作中可用于创造无法由真实演员完成的角色，如虚构生物、历史人物或未来人类等。例如，在电影《复仇者联盟》系列中，灭霸这一角色就是通过超写实数字人技术创造的，其外观、动作和表情都高度逼真，与真实演员的对手戏毫无违和感。

（2）游戏开发：超写实数字人可作为游戏角色，提供更加真实和沉浸式的游戏体验。在《赛博朋克 2077》等游戏中，玩家可以与多个超写实数字人角色进行互动，这些角色不仅外观逼真，还能根据玩家的选择和行为做出不同的反应，增强了游戏的真实感和互动性。

（3）虚拟主播与直播：超写实数字人可作为虚拟主播，在直播平台上进行节目主持、游戏解说

等活动。B站等平台上的虚拟主播，如洛天依等，通过超写实数字人技术实现了与观众的实时互动，这成为一种新的娱乐形式，吸引了大量粉丝的关注和喜爱。

（4）教育培训：超写实数字人可作为虚拟讲师或助教，为学生提供个性化的学习指导和互动体验。在一些在线教育平台上，超写实数字人教师能够根据学生的反应调整教学内容和节奏，提供更加个性化的学习体验，以提升教学效果和学习效率。

（5）广告与营销：超写实数字人可作为产品或品牌的代言人，吸引消费者的注意力。在汽车广告等宣传材料中，超写实数字人可以作为驾驶员或乘客展示车辆的舒适性和安全性等特点，以增强广告的吸引力和说服力。

综上所述，超写实数字人以其高度逼真的外观、自然流畅的动作和智能交互能力，在影视制作、游戏开发、虚拟主播与直播、教育培训，以及广告与营销等多个领域都展现出了广阔的应用前景和商业价值。

2.1.5　全真数字人：重塑娱乐、教育、营销新体验

全真数字人通过采用尖端的3D建模和高精度渲染技术，呈现出逼真的光影效果与细腻的质感。更为先进的是，全真数字人集成了先进的人工智能算法，从而实现了实时的互动功能。全真数字人示例如图2-5所示。

图2-5　全真数字人示例

在应用领域方面，全真数字人展现出广阔的拓展潜力。

（1）娱乐领域：全真数字人化身虚拟偶像或游戏角色，为用户提供了焕然一新的娱乐效果。它们能够涉足音乐创作、影视表演、直播互动等多个领域，成为备受用户追捧的虚拟明星。

（2）教育领域：作为虚拟讲师或助教，全真数字人能够为学生提供个性化的学习辅导。它们能根据学生的反馈灵活调整教学内容，并以更加生动直观的方式传授知识，这有效激发了学生的学习兴趣，进而提升了学习效率。

（3）营销领域：全真数字人可担任品牌代言人或虚拟客服角色，不仅能吸引用户目光，还能提升品牌形象。它们能够与用户进行实时互动，解答用户疑问，提供个性化的购物建议，从而优化用户的购物体验。

2.1.6 互动数字人：高度生动性、智能对话、个性定制与场景案例

互动数字人是指能够与用户进行实时互动的虚拟角色，具备高度生动性、智能对话能力和个性化定制等特性。

1. 高度生动性

高度生动性是互动数字人的核心优势。借助高精度的 3D 建模和渲染技术，数字人的外貌特征、皮肤纹理、面部表情及肢体动作等细节均得到精确还原，这使得数字人在视觉上几乎与真实人类无异，能为用户带来更加真实、自然的交互感受。

2. 智能对话

除了高度生动性，互动数字人还具备出色的智能对话能力。它们能够准确理解用户的语音或文字输入，并生成符合语境的回应。这种智能对话能力不仅限于简单的问答，还能进行复杂的对话交流，甚至能根据用户的情绪和需求提供个性化的服务。例如，在虚拟客服领域，互动数字人能够为用户提供 24 小时不间断的在线客服服务，及时有效地解决用户的各种问题。

3. 个性化定制

互动数字人的个性化定制同样备受瞩目。用户可以根据自己的需求和喜好，对互动数字人的外貌特征、性格特点、技能等进行个性化定制。这种定制不仅限于外观上的调整，还包括语音风格、交互方式等方面的设置。通过个性化定制，用户可以打造出符合个人期望的互动数字人形象，使其更加贴合自己的审美和使用习惯。

4. 场景案例

互动数字人在多个领域展现出广泛的应用潜力。在娱乐领域，互动数字人可以作为虚拟偶像或游戏角色，与用户进行实时互动，提供个性化的娱乐体验；在教育领域，互动数字人可以作为虚拟讲师或助教，为学生提供个性化的学习辅导和互动教学；在营销领域，互动数字人则可作为虚拟品牌代言人或虚拟客服，与用户进行实时互动，提升品牌形象和用户黏性。

互动数字人在不同场景中得到了广泛的应用，如虚拟偶像在舞台上表演，虚拟讲师在教室中授课，品牌代言人在广告中与用户互动等，以直观呈现互动数字人的多样化应用潜力。图 2-6 为互动数字人作为虚拟讲师正在进行教学。

图 2-6　互动数字人作为虚拟讲师在进行教学

2.1.7　3D 数字人：多领域应用与智能交互新体验

3D 数字人是指利用三维图形技术和人工智能算法创建的虚拟人物形象，具备高度逼真感和交互性。3D 数字人相关示例如图 2-7 所示。

图 2-7　3D 数字人相关示例

1. 多领域应用

3D数字人在多个领域展现出广泛的应用前景。在娱乐产业中，它们可以作为虚拟偶像，与用户进行实时互动，提供个性化的娱乐体验。作为虚拟偶像的3D数字人还能够根据用户的喜好进行定制，并通过智能算法分析用户的情感反应，提供更加贴心、个性化的服务。此外，3D数字人还可以作为游戏角色，为玩家带来更加真实、沉浸式的游戏体验。

在教育领域，3D数字人同样发挥着重要作用。它们可以作为虚拟讲师或助教，通过模拟真实的教学场景，为学生提供生动、有趣的学习体验。同时，3D数字人还能根据学生的学习进度和课堂反馈，智能调整教学内容和难度，实现个性化的教学辅导。

在营销领域，3D数字人可作为品牌代言人或虚拟客服，展现出巨大的商业价值。它们能够与用户进行实时互动，传递品牌理念和产品信息，提升品牌形象和用户黏性。此外，3D数字人还能根据用户的行为和偏好，智能推荐相关产品或服务，实现精准营销。

2. 智能交互新体验

3D数字人的智能交互功能是其核心优势之一。它们能够准确理解用户的意图和需求，并作出相应的回应。通过识别用户的语音、文字和表情等多种交互方式，3D数字人能够实现自然的对话交流。同时，它们还能根据用户的情绪和需求，提供个性化的服务和建议，为用户带来更加贴心、智能的交互体验。

此外，3D数字人的智能交互功能还体现在其学习能力和适应性上。它们能够不断学习和优化自身，提高自身的交互性能和用户体验。例如，在虚拟客服领域，3D数字人可以通过分析用户的反馈和行为数据，不断优化自身的对话逻辑和服务流程，提高客户满意度和忠诚度。

2.2 真人数字人

从照片到视频，从历史人物的复原到明星虚拟形象的塑造，真人数字人技术正以前所未有的速度扩展其表现力与应用边界。它不仅重塑了人类形象在视觉层面的表达方式，更在艺术创作、商业传播与文化记忆中引发深远变革。

2.2.1 照片变数字人：定义、应用领域与制作工具

1. 定义

照片变数字人技术是指运用先进的人工智能技术与图像处理算法，将用户的普通照片转换为具有立体感和动态交互能力的三维数字人物形象。这个过程融合了深度学习、三维建模、动画渲染等多个领域的技术，旨在为用户提供一个高度仿真、可互动的数字分身。

2. 应用领域

照片变数字人技术的应用领域如下。

（1）社交媒体：用户可利用自己的照片创建个性化数字人形象，用于发布动态，参与虚拟社交活动，从而提升在线互动体验。

（2）游戏娱乐：作为玩家的游戏角色，照片变数字人技术提供定制化游戏体验，同时适用于虚拟偶像、虚拟主播等领域，能最大限度地丰富娱乐内容。

例如，抖音平台上的现象级虚拟主播"金桔2049"，创建一年多，便吸粉近百万，同时每月流量收入也达到百万元级别。"金桔2049"在直播时不仅通过炫酷的场景、可快速切换的新奇有趣造型给用户带来全新的视觉体验，同时还通过连麦真人主播的方式，与对方进行互动并制造笑料，从而输出有趣的直播内容，如图2-8所示。

图2-8　抖音现象级虚拟主播"金桔2049"

（3）在线教育：利用照片生成的数字人形象，打造具有教育功能的虚拟讲师，能够突破时空限制，提供个性化教学与实时互动。

（4）虚拟试衣：用户通过数字人形象试穿服装，不仅能享受便捷的在线购物体验，还能降低退货率，提升购物满意度。

（5）影视制作：照片变数字人技术为电影、游戏开发提供创意灵感，助力设计独特虚拟角色和场景，增强作品吸引力和市场竞争力。

3. 制作工具

照片变数字人技术的制作工具如下。

（1）腾讯智影：提供多种2D真人形象模板供选择，用户在上传照片、输入内容、选择配音角色后，即可快速生成数字人视频。腾讯智影数字人的相关示例如图2-9所示。

（2）万彩 AI：具备卓越的美颜效果，创建出来的人物形象精致，声音自然；可基于真人出镜视频生成 1:1 还原的数字人，服装、动作、表情等均与真人一致。

（3）开拍 AI：支持用户上传自定义照片，快速生成可说话的照片数字人；提供多种风格、形象、音色选择，支持批量生成，能进行高效处理。

（4）剪映：内置数字人功能，用户输入文本、选择数字人后，视频自动生成。剪映数字人功能免费且编辑功能强大。

此外，市场上还存在其他多种照片变数字人的制作工具，用户可根据自身需求和预算进行选择。这些软件通常拥有用户友好的界面和强大的功能，能够轻松地将用户照片转换为逼真的三维数字人形象。

图 2-9　腾讯智影数字人相关示例

2.2.2 视频变数字人：重塑真人形象，引领电商新风尚

视频变数字人技术是指将视频中的真人形象转换为高度逼真的虚拟数字人形象的一项创新技术。此技术在娱乐、教育、电商等多个领域展现出广泛应用潜力。在娱乐领域，它催生了虚拟偶像等新颖形式；在教育领域，它助力在线教育讲师以更生动的方式传授知识；在电商领域，它则催生了电商虚拟主播，为用户带来全新的购物体验。

扫码看视频

以电商平台为例，某电商平台引入了视频变数字人技术，打造了一位 24 小时在线的虚拟主播。这位主播形象栩栩如生，表情生动自然，能够实时介绍商品详情，及时回应顾客咨询，极大地提升了用户的购物体验，同时也有效提高了销售效率。

图 2-10 所示为某电商平台的虚拟主播正在进行直播。该虚拟主播形象逼真，其背景是商品的展示区。顾客通过弹幕与主播进行实时互动，享受着由视频变数字人技术带来的便捷、高效且充满乐趣的购物体验。

图 2-10 某电商平台的虚拟主播

2.2.3 历史人物复原：重塑古人风貌，传承文化精髓

历史人物复原是指借助现代科技手段，如人工智能技术、三维扫描与重建技术等，结合历史文献记载与考古发掘成果，对古代人物的形象进行精准还原的过程。此技术在考古研究、历史教育及文化传承等多个领域均展现出广泛的应用价值。

古人类学家凭借对头骨的专业知识，分析出人物的性别、年龄、大致人种等特征。美术工作者依据这些信息，运用绘画技巧初步勾勒形象轮廓。数字化技术人员则通过对头骨进行 3D 建模，并利用计算机图形学和算法填充肌肉与皮肤，再反复依据历史资料调整细节，最终呈现出接近历史真实的人物形象。

图 2-11 所示是通过人工智能技术精心复原的曹操形象。

图 2-11 利用人工智能技术复原的曹操形象

2.2.4 明星虚拟形象：打造数字分身，开启互动新纪元

明星虚拟形象是指借助先进数字技术精心打造的，与真实明星或虚构角色形象高度契合的数字分身。这些虚拟形象能够在多样化的应用场景中替代真人参与活动，为观众带来前所未有的视觉盛宴与互动体验。

影视剧中的虚拟角色阿丽塔如图 2-12 所示。

图 2-12 影视剧中的虚拟角色阿丽塔

2.3 本章小结

本章首先介绍了虚拟数字人的七大类型，包括卡通数字人、视频数字人、仿真数字人、超写实数字人、全真数字人、互动数字人和 3D 数字人，详细阐述了每种数字人的定义、特性、应用领域，以及制作工具或场景案例。接着，本章转向真人数字人的介绍，深入讲解了照片变数字人、视频变数字人、历史人物复原和明星虚拟形象这四种类型，内容同样涉及了它们的定义、应用领域和制作技术。通过本章内容的学习，读者可以全面了解 11 种 AI 数字人的基本概念、特点和应用场景，为后续深入研究 AI 数字人领域奠定基础。

2.4 课后习题

1. 请简述虚拟数字人与真人数字人的主要区别，并举例说明它们在应用领域上的差异。

答：虚拟数字人主要通过三维建模、动作捕捉、AI驱动等技术生成，具有高度可塑性和创造性，常被用于游戏、动画、影视等创作领域。真人数字人则通过技术手段将真实人物转换为数字分身，保留了真实人物的外貌特征和个性特点，主要应用于社交媒体、在线教育、虚拟试衣、影视特效等领域。例如，虚拟数字人在游戏领域常被用作游戏角色；真人数字人则更多地在社交媒体上以虚拟偶像或虚拟主播的身份出现。

2. 请描述一种你认为未来可能发展的数字人技术，并且阐述其可能的应用领域和潜在影响。

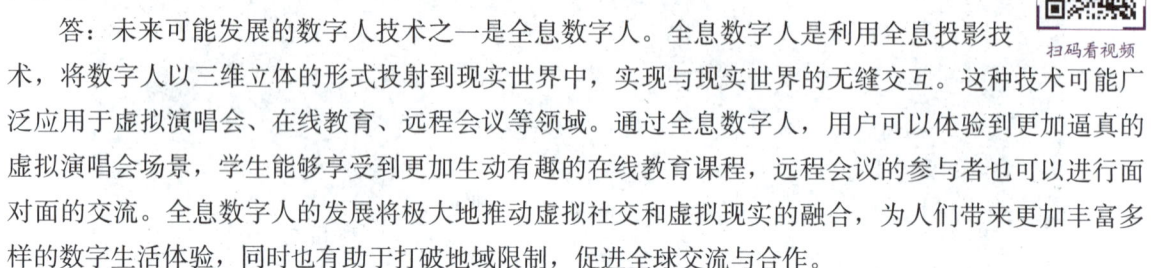

答：未来可能发展的数字人技术之一是全息数字人。全息数字人是利用全息投影技术，将数字人以三维立体的形式投射到现实世界中，实现与现实世界的无缝交互。这种技术可能广泛应用于虚拟演唱会、在线教育、远程会议等领域。通过全息数字人，用户可以体验到更加逼真的虚拟演唱会场景，学生能够享受到更加生动有趣的在线教育课程，远程会议的参与者也可以进行面对面的交流。全息数字人的发展将极大地推动虚拟社交和虚拟现实的融合，为人们带来更加丰富多样的数字生活体验，同时也有助于打破地域限制，促进全球交流与合作。

第 3 章

制作工具：数字人视频创作平台

章前知识导读 ▶▶▶▶▶▶▶

在制作数字人视频之前，我们先了解一下基础制作工具。其中，剪映、腾讯智影等智能化平台展现了广阔的创作空间，闪剪、有言、奇妙元等平台也各具特色，提供了多种选择。本章将深入介绍这些平台的特色与功能，为挖掘数字人视频创作的无限潜力做准备。

新手重点索引 ▶▶▶▶▶▶▶

- 剪映
- 其他数字人视频创作平台
- 腾讯智影

效果图片欣赏 ▶▶▶▶▶▶▶

3.1 剪映

在当今数字化内容创作的浪潮中，数字人备受瞩目。剪映作为一款功能强大且广受欢迎的视频编辑工具，在数字人的创作与呈现过程中扮演着举足轻重的角色。它就像是一位得力助手，为数字人的塑造与推广提供了全方位的支持。本节将深入探讨剪映在数字人创作各个环节中的具体作用。

3.1.1 下载剪映软件：访问官网并选择正确版本

安装剪映电脑版时，请先确保电脑中的操作系统符合软件要求，并提前关闭所有可能干扰安装进程的软件。下面详细介绍安装并登录剪映电脑版的操作方法。

扫码看视频

STEP 01 ❶在浏览器中输入并搜索"剪映专业版官网"；❷单击搜索结果中的剪映专业版官网链接，如图3-1所示，即可进入剪映的官网。

图3-1 单击相应链接

STEP 02 在"专业版"页面中单击"立即下载"按钮，如图3-2所示。

图3-2 单击"立即下载"按钮

▶ 温馨提示

请优先选择知名的搜索引擎，如微软、百度、必应等，这些平台通常有强大的算法来过滤垃圾信息和恶意网站，以提高搜索结果的准确性和安全性。

第 3 章 >> 制作工具：数字人视频创作平台

STEP 03 弹出"新建下载任务"对话框，单击"下载"按钮，下载完成后，打开相应的文件夹，在软件安装程序上单击鼠标右键，在弹出的快捷菜单中选择"打开"命令，如图 3-3 所示，将软件安装程序下载到本地文件夹中。

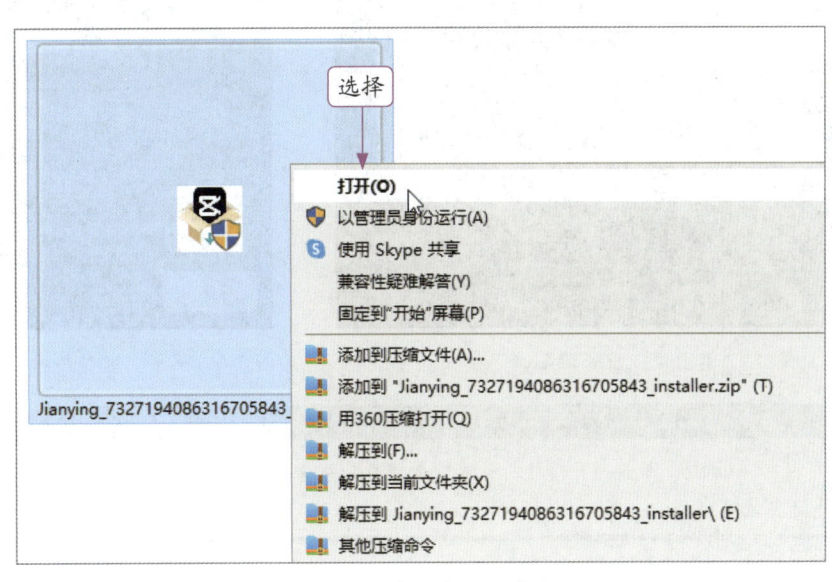

图 3-3 选择"打开"命令

STEP 04 执行操作后，即弹出"剪映专业版下载安装"对话框，显示下载和安装软件的进度，如图 3-4 所示。

图 3-4 显示安装进度

STEP 05 安装完成后，弹出"环境检测"对话框，软件会对电脑环境进行检测，检测完成后单击"确定"按钮。执行操作后，进入剪映电脑版的"首页"页面，单击"点击登录账户"按钮，如图 3-5 所示。

STEP 06 弹出"登录"对话框，❶选中"已阅读并同意剪映用户协议和剪映隐私政策"复选框；❷单击"通过抖音登录"按钮，如图 3-6 所示。

37

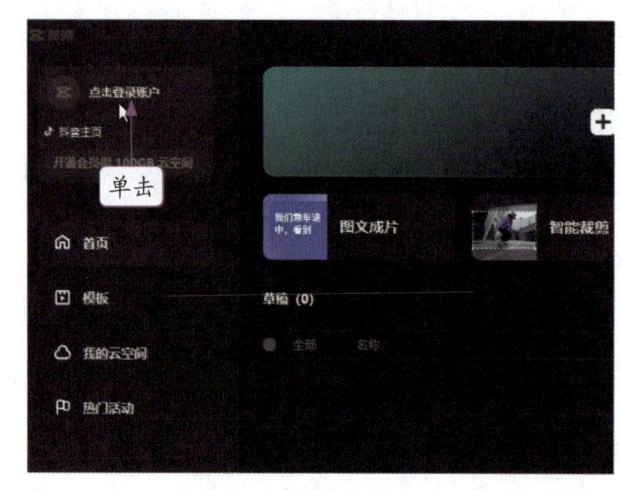

图 3-5 单击"点击登录账户"按钮 　　　　图 3-6 单击"通过抖音登录"按钮

> **温馨提示**
>
> 下载安装剪映电脑版时应注意，下载时请从官方渠道获取安装包，以防安装恶意软件；安装过程中，可根据个人需求更换安装路径。

STEP 07 执行操作后，进入抖音登录页面，如图 3-7 所示。用户可以根据页面提示进行扫码登录，或通过验证码登录，完成登录后，即可返回"首页"页面。

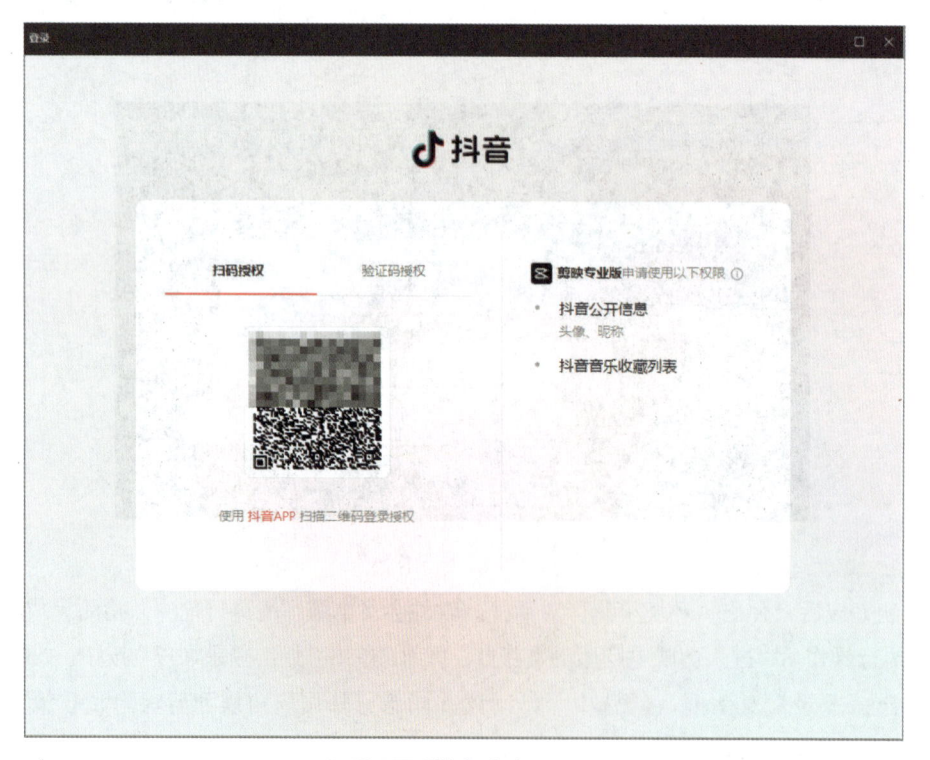

图 3-7 抖音登录页面

3.1.2 剪映页面：功能分配与操作入口

剪映电脑版具备多轨编辑、丰富素材库供应、智能辅助操作、高质量输出、多样式字幕编辑、精准音频处理等多项强大功能，提供了简洁明了的操作页面，其"首页"页面如图 3-8 所示。

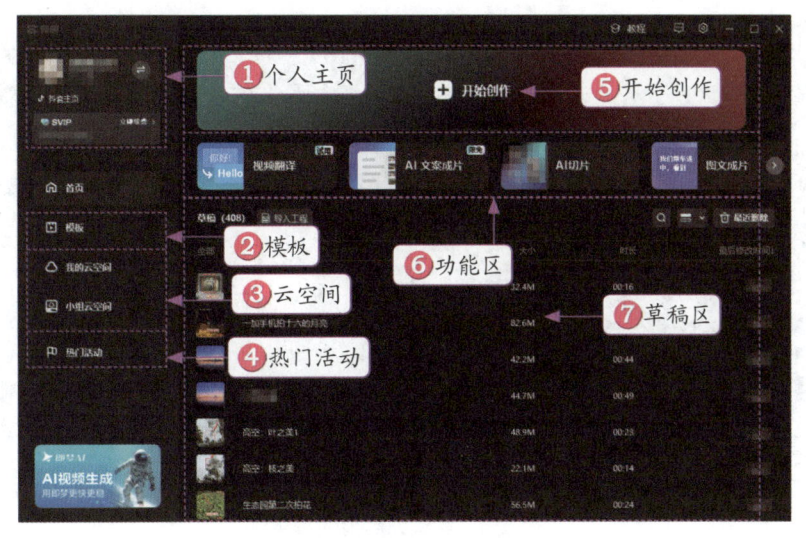

图 3-8 剪映电脑版"首页"页面

剪映电脑版"首页"页面主要包括以下几个主要部分。

❶ 个人主页：单击 按钮，在弹出的列表框中选择"个人主页"选项，即可进入个人主页，用户可以在此查看素材和收藏的内容，以及发布素材。

❷ 模板：单击"模板"按钮，进入"模板"页面，在此页面，用户可以根据自身需求选择相应的模板，进行视频制作。

❸ 云空间：云空间包括"我的云空间"和"小组云空间"这两个板块，用户将视频上传至"我的云空间"后，可以对视频进行云端备份；"小组云空间"则是一个专为团队协作而设计的功能，可以用于团队协作、共享与存储等。

❹ 热门活动：单击"热门活动"按钮，即可打开"热门活动"页面，在此页面用户可以参与各类投稿活动。

❺ 开始创作：这是剪映首页的主要功能之一，单击"开始创作"按钮，即可进入创作页面，用户可以在此页面开始内容创作。

❻ 功能区：这是剪映电脑版的功能专区，具备丰富的功能，例如"视频翻译""AI 文案成片""AI 切片""图文成片"等，单击相应按钮，即可体验对应的功能。

❼ 草稿区：这是草稿专区，用户剪辑的视频都会自动保存在此处，但仅限于本地保存，如果用户重新安装该应用或者换电脑设备登录，将看不到这些本地视频草稿。

3.1.3 数字人形象塑造：形象选择、背景设定与景别调整

在数字人形象塑造的过程中，形象选择、背景设定与景别调整构成了三大核心要素。这些要素不仅塑造了数字人的外观特征，还深刻影响着用户的带入感和互动体验。在剪映中，用户可以修改 AI 数字人的形象、背景和景别。

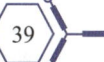

1. 形象选择

在剪映中创建数字人后，进入"数字人形象"操作区中的"形象"选项卡，其中提供了大量的数字人形象供用户选择，如图 3-9 所示。此外，还可以使用"形象定制"功能，从五官轮廓到发型穿搭，全方位打造专属数字人形象，开启独一无二的创作之旅。

图 3-9　数字人的形象设置

2. 背景设定

在视频轨道中选择数字人，在"画面"操作区中切换至"背景"选项卡，选中"背景"复选框，便能看到丰富多样的背景资源，包括各类纯色背景与图片背景，如图 3-10 所示，用户可从中选择合适的数字人背景。这些背景不仅能突出数字人主体，让其在画面中更加醒目，还能营造出贴合内容的氛围，增强视频的带入感，更能辅助数字人表达意图，帮助观众更好地理解视频所要传达的信息。

图 3-10　数字人的背景设置

3. 景别调整

在"数字人形象"操作区的"景别"选项卡中，即可根据需求选择"远景""中景""近景""特写"等景别，如图 3-11 所示。不同景别对数字人形象塑造有不同的作用：远景有助于构建整体环境，

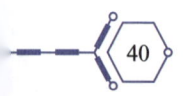

交代数字人所处场景；中近景可以衬托数字人的动作与神态，增强表现力；特写镜头则着重强化数字人的情感表达，助力信息的传达。

图 3-11　数字人的景别设置

3.1.4　特效与滤镜应用：视觉魅力、艺术渲染与创意提升

在数字人形象塑造的过程中，特效与滤镜的应用是不可或缺的一环。剪映中的强大特效与滤镜不仅能极大地丰富数字人视频的视觉表现力，还增强了艺术渲染效果，提升了创意表达能力。应用特效与滤镜的具体方法如下。

1. 为数字人添加特效

在剪映中创建数字人后，单击"特效"按钮，该界面包含"画面特效""人物特效"两个选项卡。展开"人物特效"选项卡，系统为用户提供了大量的数字人特效。在"形象"面板中选择"卡通脸"特效，即可让数字人呈现卡通人物风格，如图 3-12 所示。此外，还有"可爱女生""帅气男生""潮酷女孩"等多种风格各异的形象可供挑选。

图 3-12　给数字人添加特效

例如，选择"可爱女生"特效，数字人眼眸水汪汪，脸颊带一抹红晕，甜美笑容极具感染力，适合美妆种草、生活分享类视频，可轻松拉近与观众的距离；选择"帅气男生"特效，数字人五官立体，发型利落，气质沉稳，适合科技产品评测、职场经验分享类视频，可尽显专业可靠；选择"潮酷女孩"特效，发色个性，配饰新潮，姿态张扬，适合时尚穿搭、街头文化介绍类视频，能迅速抓住年轻受众目光，契合当下追求潮流的审美趋势，助力用户打造别具一格的数字人视频。

2. 为数字人添加滤镜

单击"滤镜"按钮，切换至"滤镜库"选项卡，便能看到其中提供的大量适用于数字人的滤镜效果，如图3-13所示。这些滤镜功能各异，有的滤镜能一键提亮数字人的肤色，赋予其健康光泽；还有些滤镜可以营造出复古氛围，使数字人仿佛自带时代滤镜。如此丰富多样的滤镜，能助力用户轻松打造出契合各类场景的数字人形象。

图 3-13　给数字人添加滤镜

3.1.5　形象优化：美颜美体、音色调配与动画效果

在数字人视频制作领域，细节的优化对于形象呈现至关重要。剪映凭借强大的美颜美体、音色调配及动画效果功能，显著提升了数字人的视觉吸引力和整体感染力，使内容更具魅力和互动性，其具体应用方法如下。

扫码看视频

1. 美颜美体

在剪映中创建数字人后，在"画面"操作区中切换至"美颜美体"选项卡，选中"美颜"复选框，便可根据个人需求对数字人进行适当调整，如图3-14所示。在该选项卡下方，还设有"美型""手动瘦脸""美妆""美体"等功能供用户灵活使用。

借助这些功能，用户能从多个维度实现数字人的形象提升。"美型"可优化五官比例，"手动瘦脸"能精准塑造脸部线条，"美妆"可以为数字人增添独特妆容风格，"美体"则能塑造出理想的身材比例。通过这些细致的调整，全方位提升数字人整体形象，使其在细节之处尽显独特魅力，完美契合各类不同的创作主题。

图 3-14 数字人的美颜设置

2. 音色调配

若想丰富数字人的表现力，可以进入"换音色"操作区，如图 3-15 所示。这里有丰富的音色可供用户选择。青春少女音适配校园、时尚内容；成熟男声适合新闻、知识讲解；卡通音效增添了趣味感，深受小朋友喜爱；治愈系音色能安抚情绪，沧桑大叔音增添了故事的厚重感；优雅女声提升内容格调。用户可按角色和内容风格选择不同音色为数字人设置适配声音，从而提升视频的整体质量。

图 3-15 数字人的音色设置

3. 动画效果

进入"动画"操作区，便能看到"入场""出场""组合"这三类动画效果，如图 3-16 所示。这些丰富多样的动画效果极大地提升了数字人在视频中的表现力。

❶ 在"入场"动画里，淡入效果独具魅力，数字人缓缓浮现，营造出温馨且柔和的开场氛围，适用于情感类、生活记录类视频的开篇。

❷ "出场"动画中的闪烁消失效果能让数字人在退场时瞬间化为闪烁光影，这赋予其神秘莫测的退场氛围，为故事巧妙埋下悬念，常用于悬疑、奇幻类视频的结尾。

❸ "组合"动画里的"旋转+缩放"这一经典效果组合，让数字人在关键节点以极具冲击力的方式华丽登场，旋转的动态与缩放的大小变化，能瞬间抓住观众眼球，使数字人成为视频的视觉焦点，助力用户打造出极具吸引力的吸睛视频内容，在广告、创意短片等领域大放异彩。

图 3-16　数字人的动画设置

3.1.6　导出：设置细节、分享途径与注意事项

在剪映中精心完成了数字人的形象塑造、音色选择、动画添加等一系列操作后，就可以将其导出了。导出环节至关重要，关乎最终呈现给观众的效果及分享的便捷性。

1. 设置细节

在剪映的导出设置中，分辨率直接影响视频的清晰度，常见的分辨率选项有 480p、720p、1080p、2K 及 4K。倘若你的数字人视频是用于日常社交媒体分享，1080p 的分辨率就足以满足需求，它既能保证画面清晰，文件大小也较为适中，同时便于快速上传与传播。不过，要是视频计划用于大屏展示，如户外广告大屏，4K 分辨率更能发挥其优势，使数字人的面部微表情及服饰的纹理细节清晰呈现，极大地提升视觉效果。

在帧率方面，25fps 或 30fps 是较为常用的参数，这两个帧率能够保证视频流畅播放，让数字人的动作自然连贯，在日常的数字人视频创作中广泛应用。而 60fps 的高帧率，更适用于对动作流畅度要求极高的场景。例如，数字人进行舞蹈表演，复杂的舞步动作需要高帧率来清晰呈现；或是运动示范类视频，快速的肢体动作在 60fps 下，卡顿和拖影现象会大大减少，给观众带来更流畅的观看体验。

在视频格式上，剪映支持多种格式导出，其中包括 mp4 和 mov 格式。mp4 格式凭借强大的兼容性，几乎可以在所有设备和平台上顺利播放，是分享数字人视频的首选格式。mov 格式则更适合那些对视频质量有极致要求，并且后续还需要进一步编辑的情况，它的文件体积通常较大，对存储和传输都有更高的要求。

2. 分享途径

在剪映中完成数字人视频的制作后，可一键将其分享至西瓜视频、抖音等热门社交媒体平台，如图 3-17 所示。

图 3-17　数字人的分享设置

抖音凭借强大的算法推荐机制，能够精准推送数字人视频，将其快速分发给大量潜在观众。

西瓜视频则有着丰富的内容生态，涵盖了知识科普、生活记录等各类领域。西瓜视频庞大的用户基数和精准的内容推荐机制，能让数字人视频创作者收获流量与关注，让更多求知若渴的用户获取知识。

3. 注意事项

不同分享平台对视频文件大小有不同限制，如抖音一般限制时长在 15 分钟以内，文件大小不超过 2GB。在导出时，若文件过大，可以适当降低分辨率或帧率，以确保视频能顺利上传分享。

若在数字人视频中使用了他人的素材，如音乐、图片等，务必事先获得合法授权，以避免版权纠纷。同时，剪映自身提供的一些素材也有使用规则，需仔细阅读后再使用。

3.2　腾讯智影

腾讯智影于 2023 年 3 月 30 日正式发布，作为一款云端工具，用户无须下载即可通过计算机中的浏览器进行访问，支持视频剪辑、素材库、文本配音、数字人播报、文章转视频、自动字幕识别等多种功能，其强大的 AI 能力为用户提供了高效智能的创作方式，广泛应用于内容创作、教育培训、企业宣传、娱乐互动等多个领域。本节主要介绍登录腾讯智影的方法，并对腾讯智影的界面和数字人播报等内容进行详细介绍。

3.2.1 登录流程：扫码登录、手机号认证与账号密码

在使用腾讯智影创作之前，需要先登录腾讯智影账号。腾讯智影提供了多种登录方式，下面介绍具体的操作方法。

STEP 01 在计算机中打开相应浏览器，输入腾讯智影的官方网址，按 Enter 键打开官方网站，再单击右上角的"登录"按钮，如图 3-18 所示。

图 3-18 单击"登录"按钮

STEP 02 执行操作后，弹出登录页面，如图 3-19 所示，系统默认显示"微信登录"面板，在其中通过微信"扫一扫"功能，可以扫二维码登录腾讯智影账号。

图 3-19 腾讯智影登录页面

> ▶ 温馨提示
>
> 用户只有登录腾讯智影后，才能享受腾讯智影提供的云端智能视频创作服务，包括视频剪辑、数字人播报、文本配音等多种功能。

STEP 03 单击"手机号登录"标签,切换至"手机号登录"面板,如图 3-20 所示,在其中可以通过手机号码与验证码等信息登录腾讯智影账号。

STEP 04 单击"QQ 登录"标签,切换至"QQ 登录"面板,如图 3-21 所示,在其中可以通过 QQ 手机版扫码登录腾讯智影账号,还可以单击 QQ 头像授权登录。

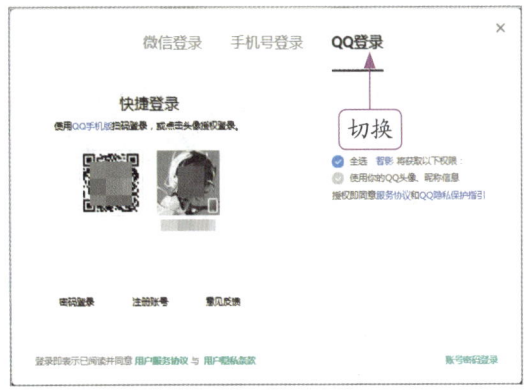

图 3-20 切换至"手机号登录"面板　　　　图 3-21 切换至"QQ 登录"面板

> **温馨提示**
> 　　未注册腾讯智影账号的手机号,在"手机号登录"面板中输入手机号与验证码信息后,单击"登录/注册"按钮,可自动注册腾讯智影账号。

STEP 05 在登录页面中,单击右下角的"账号密码登录"超链接,可弹出"账号密码登录"面板,如图 3-22 所示。在其中通过腾讯智影账号和密码,可以进行登录操作。

图 3-22 弹出"账号密码登录"面板

47

3.2.2 页面布局：导航设置、智能工具与创作功能

腾讯智影凭借强大的功能、丰富的应用场景和显著的优势，成为广大用户进行视频创作的首选工具之一。其操作页面是一个功能丰富、易于使用的云端智能视频创作平台，页面设计简洁明了，主要分为几个核心区域，如图3-23所示。

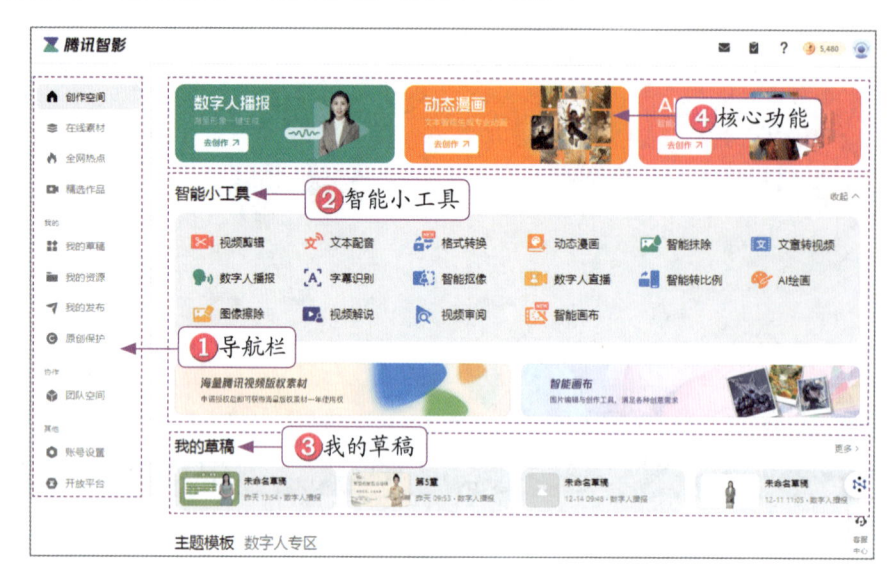

图 3-23 腾讯智影操作页面

下面对腾讯智影操作页面中的核心板块进行详细讲解。

❶ 导航栏：其中包含在线素材、全网热点、我的草稿、我的资源、我的发布，以及团队空间等入口，方便用户创作视频作品，进行账户管理等。

❷ 智能小工具：这是一个集成了多种实用功能的区域，旨在为用户提供便捷的视频创作辅助。该板块中包含视频剪辑、文本配音、格式转换、数字人播报等多种工具，能满足用户在视频制作过程中的各种需求。

❸ 我的草稿：用户在创作视频时，可能会由于各种原因需要暂时中断。此时，该板块允许用户保存当前进度，包括已添加的视频片段、音频、字幕、特效等，确保创作的内容不会丢失。随着创作的积累，用户可能会保存多个草稿，在该板块中，用户可以查看所有草稿列表，便于管理和查找。用户选择相应的草稿后，可以快速回到之前的创作状态，继续对视频进行编辑和调整。

❹ 核心功能：其中显示了腾讯智影的3个核心功能，包括数字人播报、动态漫画及AI绘画。核心功能板块通过直观的图标和文字描述，帮助用户快速找到并使用相应功能。

3.2.3 数字人视频创作：模板选择、形象设置与内容编辑

在利用腾讯智影工具进行数字人视频创作时，合理选择模板、设置形象与编辑内容是确保高质量输出的核心环节。下面以腾讯智影工具为例，详细解析这3个关键步骤的实用操作技巧和注意事项。

1. 模板选择

进入腾讯智影"数字人播报"功能页面，展开"模板"面板，便能看到有"竖版""横版"两类模板供用户选择，如图 3-24 所示。"竖版"模板契合当下移动端浏览习惯，在制作短视频平台内容时，如抖音、视频号的知识科普、产品推荐视频，观众在手机端观看时无须旋转屏幕，即可直接沉浸式观看数字人播报。"横版"模板视野则更开阔，适合展示丰富场景元素，常用于企业宣传、新闻资讯播报类视频，能给人专业、大气的观感，助力用户根据自身需求和视频内容，快速搭建适配的数字人播报场景。

图 3-24　数字人的模板设置

2. 形象设置

进入腾讯智影"数字人播报"功能页面，展开"数字人"面板，便能看到"预置形象"与"照片播报"两大板块，如图 3-25 所示。其中，"预置形象"又细分为"免费"、VIP、"臻选"三类。"免费"形象能满足基础的使用需求，助力新手快速上手数字人播报，体验基本功能；VIP 形象在外观细节、形象气质上更胜一筹，提供了更多个性化的选择，满足对形象有较高要求的用户；"臻选"形象更是精挑细选，从面部表情的细腻程度到肢体动作的自然流畅度，都做到了极致，是追求高品质内容的创作者的优质之选。

"照片播报"板块包含"照片主播"与"AI 绘制主播"。"照片主播"允许用户上传自己的照片，将熟悉的面容转换为数字人主播形象，为个人内容创作增添独特性，适用于个人自媒体分享、纪念性视频制作等场景；"AI 绘制主播"则利用人工智能技术，根据用户输入的简单描述，生成风格各异的独特数字人形象，充满创意与惊喜，为内容创作带来更多可能性，尤其适合创意短视频、虚拟偶像打造等领域。

图 3-25　展开"数字人"面板

3. 内容编辑

进入腾讯智影的"数字人播报"功能页面后，在"模板"面板中选择契合需求的模板，不管是竖版短视频风，还是横版正式资讯风，都能一键选定。单击模板进入编辑状态，即可随意更改文字内容，如图 3-26 所示。从产品宣传文案到知识科普话术，均可随意替换，让数字人以最适配的风格，生动演绎你提供的信息，快速产出高质量播报视频。

图 3-26　更改文字内容

3.2.4　智能驱动：自动生成、动作编辑与内容优化

在腾讯智影工具智能驱动技术的强力支撑下，数字人视频创作的效率与质量均实现了质的飞跃。自动生成、动作编辑与内容优化这三大功能，为用户简化了复杂制作流程，同时确保了视频的专业水准与强烈的视觉冲击力，具体操作方法如下。

1. 自动生成

进入腾讯智影的"数字人播报"功能页面后,在"播报内容"选项卡中,用户可输入各类想要呈现的文字内容,无论是实时的新闻资讯、详细的产品介绍,还是专业的知识科普等皆可。完成内容输入后,单击"保存并生成播报"按钮,如图 3-27 所示,系统便会依据所输入的内容自动生成相应的数字人播报视频。

图 3-27　单击"保存并生成播报"按钮

2. 动作编辑

进入腾讯智影的"数字人播报"功能页面后,在预览窗口中选择数字人,在"数字人编辑"选项卡的"动作"选项栏中会出现"屏幕互动""手部动作""中性表达"等多种动作选项,如图 3-28 所示,用户可按需求选择,为数字人增添丰富多样的动态表现。

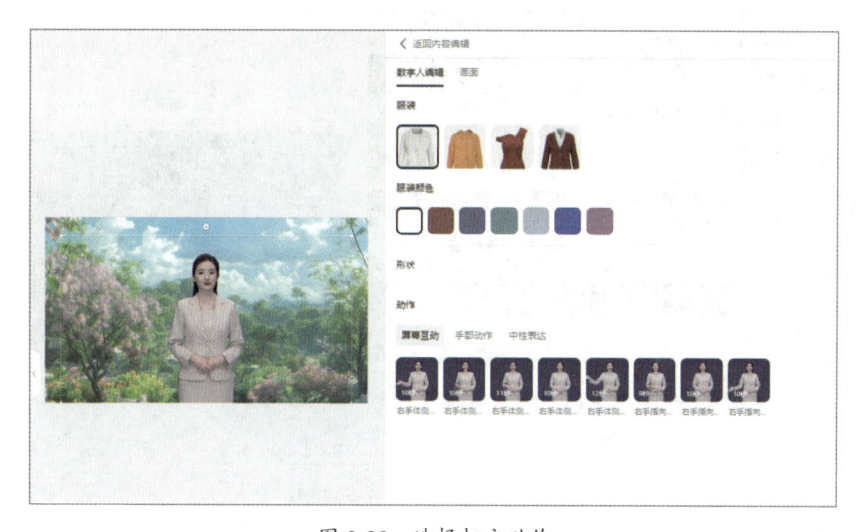

图 3-28　选择相应动作

3. 内容优化

进入腾讯智影的"数字人播报"功能页面后,内容优化便成为提升数字人视频质量的关键步骤。在腾讯智影中,数字人作为视频内容的核心呈现载体,承担着将信息生动、直观地传达给观众的重要责任。

腾讯智影内置的智能分析系统能够对视频中的字幕、语音进行全面检测,确保内容逻辑清晰、信息准确。这不仅有助于数字人更准确地传达信息,还能提升观众对内容的理解和接受度。在语音方面,系统通过智能语音增强功能,提升数字人的语音清晰度与感染力,让数字人能够以更具吸引力的声音,将文字内容转换为生动的语音表达,拉近与观众的距离。在字幕处理上,智能排版算法根据画面布局自动调整字幕大小、位置及样式,实现美观与实用的完美结合,使观众在观看数字人播报时,能够更轻松地获取信息。

3.2.5 场景构建:背景选择、场景调整与动态元素融合

在数字人视频创作中,场景构建至关重要,它直接影响视频整体视觉效果和情感表达的深度。腾讯智影工具凭借丰富的背景素材、灵活的场景调整功能,以及先进的动态元素融合技术,为数字人视频创作提供了全面且强大的支持,具体操作方法如下。

1. 背景选择

进入腾讯智影的"数字人播报"功能页面后,展开"背景"画板,其中包含"图片背景""纯色背景""自定义"等选项卡,如图 3-29 所示,通过这些背景设置选项,用户能够依据数字人播报的内容风格、主题需求,选择与之相契合的背景样式。例如,"图片背景"可与内容主题相契合,为数字人营造出特定场景氛围;"纯色背景"简洁明了,有助于突出数字人主体;"自定义"功能更是赋予用户个性化创作空间,让用户可上传独特素材,打造专属背景,全方位提升数字人播报视频的视觉效果。

图 3-29 数字人的背景设置

2. 场景调整

进入腾讯智影"数字人播报"功能页面，在预览窗口中选择数字人，切换至"画面"选项卡，在"基础调节"栏中设置参数，如"坐标""旋转""缩放""不透明度""亮度""对比度""饱和度""褪色"，如图 3-30 所示。

图 3-30　数字人的画面设置

3. 动态元素融合

进入腾讯智影"数字人播报"功能页面，展开"背景"面板，切换至"自定义"选项卡，上传动态元素背景。动态元素的融合是腾讯智影在场景构建中的一大特色。用户可以为数字人视频添加各种动态背景效果，如飘动的云朵、流动的河水、闪烁的霓虹灯等，以提升画面的视觉冲击力和动感。

例如，在电商直播场景中，用户可以为背景添加动态商品展示或滚动促销信息，以吸引观众的注意力并突出产品特点；在知识讲解类视频中，用户则可以引入动态文字、数据图表或动画效果，以直观、生动地呈现重点内容。

3.2.6　视频合成：检查整理、渲染输出与发布分享

在数字人视频创作的收尾阶段，视频合成是成败的关键。腾讯智影工具能够高效助力用户完成从检查整理、渲染输出到发布分享的全流程操作，确保数字人视频的品质卓越且传播效果最大化，具体操作方法如下。

扫码看视频

1. 检查整理

完成背景设置后，务必进行细致检查。一方面，需重点关注数字人的动作与台词是否完美同步，背景是否与动态元素和谐匹配，避免出现穿帮或不协调的状况，确保视频内容的连贯性与视觉效果的协调性；另一方面，也要认真校对数字人的表情是否自然生动，语音是否流畅清晰，以及确认字幕的准确性和完整性，从而打造出高质量的数字人播报视频，为观众带来优质的观看体验。

2. 渲染输出

进入腾讯智影"数字人播报"功能页面，完成各项细节调整后，单击"合成视频"按钮，弹出"合成设置"对话框，如图 3-31 所示。在此对话框中可以对诸多关键参数进行设置。比如，为合成视频设定一个合适的名称，方便后续查找与管理；根据实际需求选择导出设置，确保视频能在目标平台顺利播放；决定是否添加水印以保护版权；设置片尾，为视频增添专属风格；选择适宜的格式；还能自定义帧率、码率及视频大小，以满足不同场景对视频质量与文件大小的要求。

图 3-31 "合成设置"对话框

3. 发布分享

待视频渲染完成后，进入"我的资源"页面。在此页面，单击"下载"按钮，就能将数字人视频保存至本地设备。保存好后，便可以轻松将其分享至各大热门平台，如抖音、小红书、视频号等，让更多人看到你的精彩作品。

3.3 其他数字人视频创作平台

在挖掘数字人视频创作的无限潜能时，核心技能的掌握固然重要，但广泛涉猎各类创作平台同样不可或缺。本节将细致解读几大热门数字人视频创作平台，从闪剪的智能剪辑启程，到蝉镜的AI 克隆技术，每一平台皆凭其独到之处，拓宽了创作的视野。

3.3.1 闪剪：数字人视频创作的全能助手

在数字人视频创作的广阔天地里，闪剪作为一款集智能剪辑、AI 配音与云端创作功能于一体的视频编辑神器，正以卓越的性能和便捷的操作，为用户开辟一条全新的创意之旅。

扫码看视频

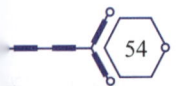

1. 闪剪平台概览

闪剪依托先进的人工智能技术，不仅融合了智能剪辑与 AI 配音等前沿功能，更通过云端处理技术实现了多设备同步编辑与高效视频处理。其简洁直观的操作页面，无论是新手还是专业用户，都能轻松上手，尽享智能化编辑的便捷与乐趣。

2. 闪剪在数字人视频创作中的核心应用

闪剪在数字人视频创作中发挥着举足轻重的作用。其核心应用不仅涵盖了智能剪辑和 AI 配音，还包括云端创作等多个方面。

（1）智能剪辑：精准识别并分割视频片段，剔除冗余，精准保留关键内容，轻松打造流畅叙事节奏。

（2）AI 配音：将文本转化为自然流畅的语音解说，与数字人形象无缝对接，极大提升视频的沉浸感和表现力。

（3）云端创作：实时保存编辑进度，支持多设备无缝切换，促进团队协作，更有一键发布功能，轻松将作品推送到主流视频平台。

3. 闪剪页面设计特色

闪剪的页面设计同样令人印象深刻。其简洁直观的操作页面不仅便于新手快速上手，还能让专业用户尽享智能化编辑的便捷与乐趣。

（1）素材库：分类清晰，便于用户快速检索和选用数字人视频片段、音频文件及背景素材。

（2）时间轴：作为剪辑操作的核心，支持拖放调整视频顺序、时长及添加转场效果，操作简便、高效。

（3）预览窗口：实时展现编辑效果，帮助用户精准校对数字人动作与语音的同步性，确保画面流畅且表现力出众。

综上所述，闪剪凭借强大的功能体系与直观的页面设计，在数字人视频创作中发挥着举足轻重的作用。从智能剪辑到 AI 配音，再到云端创作，闪剪的每一项功能都紧密贴合数字人视频的创作需求，为用户们提供了前所未有的创作自由度与效率。用户只需单击"开始创作"按钮，如图 3-32 所示，即可轻松解锁闪剪的丰富功能，踏上数字人视频创作的精彩旅程。

图 3-32　单击"开始创作"按钮

3.3.2 有言：一站式创作、智能语音与定制化体验

在数字人视频创作的广阔领域，有言作为一款集一站式创作、智能语音生成及个性化定制功能于一体的平台，正以卓越的性能和灵活的操作性，为用户带来强大且便捷的解决方案。下面从有言平台的特点、核心应用及其页面设计3个方面进行详细阐述。

1. 有言平台的特点

有言作为一款专注于语音生成与视频创作的多功能平台，通过自然语言处理和人工智能技术，为用户提供了高质量的智能语音服务。其涵盖的功能包括语音合成、文本配音、字幕生成和视频剪辑，适用于新闻播报、知识分享、产品展示等多种数字人创作场景。作为一款一站式解决方案的平台，有言不仅大幅提升了创作效率，还显著节省了用户的时间。

2. 核心应用

有言在数字人视频创作中发挥着举足轻重的作用，其核心应用主要体现在以下几个方面。

（1）智能语音生成：个性化声音设计。

有言提供多种音色和语调选项，支持根据数字人形象进行声音定制。无论是知识型数字人所需的稳重清晰声音，还是娱乐型数字人所需的活泼生动声音，有言都能轻松实现。此外，其先进的语音生成技术还支持多语言语音合成，并通过情感调整功能让语音更具表现力，从而增强数字人视频的感染力。

（2）一站式创作：从文本到视频的快速转换。

有言的创作流程高度集成，用户只需输入文本，就能一键生成与视频内容完美融合的配音。这种一站式的工作流程非常适合数字人视频创作者，能够大幅简化制作流程，提高创作效率。例如，在产品推广视频中，用户只需输入产品描述文字，就能迅速生成由数字人解说的视频。

（3）定制化体验：满足不同场景需求。

有言支持根据不同场景和用途调整语音风格和视频内容。无论是新闻播报的正式严谨风格，还是社交媒体短视频的个性化表达风格，有言都能轻松驾驭。同时，有言还支持定制背景音乐和字幕样式，使数字人视频更具特色和吸引力。

3. 页面设计

有言的页面设计简洁明了，分为以下核心模块。

（1）文字输入区：位于页面左侧，用于输入或导入数字人解说所需的文字内容，支持快速编辑和多语言输入。

（2）语音设置区：位于文字输入区下方，提供多种音色、语调和情感设置选项，方便用户为数字人选择匹配的声音特质。

（3）预览与编辑区：位于页面中央，用户可以在此实时查看语音生成效果，并对视频内容进行调整，如添加字幕或修改背景画面等。

（4）输出与分享区：位于页面右侧，用于导出最终作品，并支持一键分享到多个视频平台，方便用户迅速传播内容。

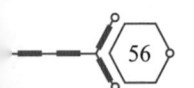

有言以其智能语音生成、一站式创作和定制化体验，在数字人视频创作领域发挥着重要作用。从文字输入到语音生成，再到最终的视频输出，有言的每个功能模块都紧密围绕用户的需求而设计，为数字人视频创作提供了极大的便利。

有言直观的页面和灵活的功能设置，让用户能够高效地完成从脚本到视频的全流程创作，助力数字人在内容创作中的应用和推广。用户只需进入有言平台页面，单击"开始创作"按钮，如图 3-33 所示，即可轻松开启视频创作之旅。

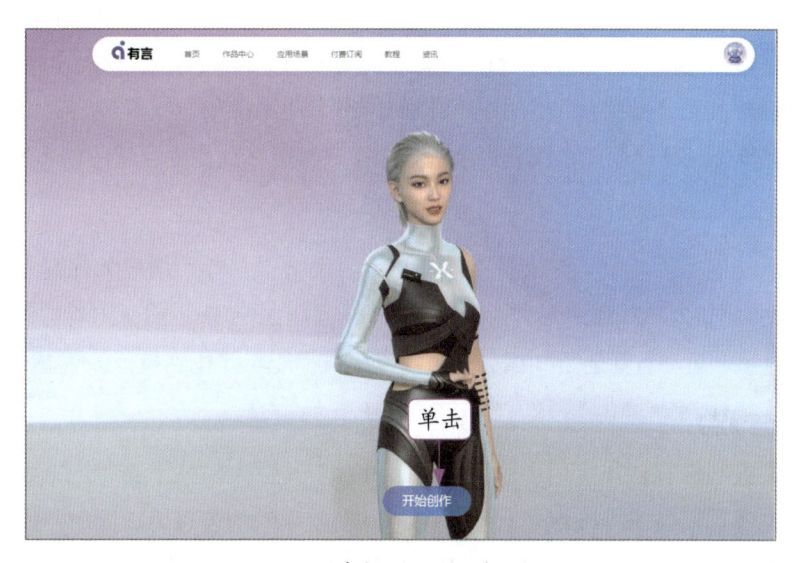

图 3-33　单击"开始创作"按钮

3.3.3　奇妙元：形象定制、视频生成与直播应用

在当今数字化快速发展的时代，虚拟形象与数字内容已成为连接现实与虚拟世界的桥梁。奇妙元作为一款集形象定制、视频生成与直播功能于一体的创新应用，正引领数字内容创作的新潮流。用户进入奇妙元页面后，单击"新建轨道编辑视频"按钮，如图 3-34 所示，即可开始编辑视频。

扫码看视频

图 3-34　单击"新建轨道编辑视频"按钮

57

1. 形象定制

奇妙元提供多样化的数字人形象定制服务，无论用户是偏爱二次元风格的动漫角色，还是追求逼真效果的写实形象，都能在此找到满意的效果。通过照片、视频或 3D 建模等方式，用户可以轻松打造出一个与自己高度相似的数字分身，或发挥想象力，创造出一个全新的虚拟形象。

2. 视频生成

在奇妙元中，视频生成变得异常简单。用户只需选择合适的数字人形象，并输入想要传达的文案内容，系统便会利用先进的 AI 技术，自动生成一段生动、流畅的口播视频。此外，奇妙元平台还提供丰富的视频模板和动画效果，助力用户轻松创作出专业水准的短视频内容。无论是制作个人分享类视频、企业宣传类视频，还是在线教育类视频，用户都能在此找到合适的创作工具。

3. 直播应用

奇妙元的直播功能尤为亮眼。它支持 24 小时 AI 自动播报功能，用户无须真人出镜，也能进行全天候的直播活动。同时，3D 数字人直播技术的引入，为用户带来了前所未有的沉浸式直播体验。无论是商品推广直播、活动直播还是知识分享直播，用户都能在此找到最佳的直播方案。

4. 技术亮点与优势

奇妙元从众多数字内容创作应用中脱颖而出，得益于其强大的技术支持。奇妙元平台采用深度学习、计算机视觉等前沿技术，确保了数字人的高逼真度和生动表现力。同时，高效的视频生成算法和丰富的定制化选项，也让用户能够轻松创作出符合其自身需求的数字内容。

3.3.4 即构：多元化创作体验与高效互动平台

即构是一款支持 AI 数字人创作、互动场景设计和实时内容制作的多功能平台，旨在为用户提供高效、灵活的创作环境。即构平台凭借多元化的工具组合与强大的互动功能，成为 AI 数字人内容创作领域的重要选择。本小节将详细介绍即构是什么、它在数字人视频创作中可以做什么，以及平台页面的核心模块。

扫码看视频

1. 即构是什么？

即构平台是一款专注于提供实时音视频解决方案的创作工具，广泛应用于直播、短视频制作及虚拟互动场景中。它集成了 AI 数字人形象创作、内容生成和互动等功能，可快速满足用户在内容创作和传播方面的多种需求。通过即构，用户不仅可以定制专属数字人，还能为视频或直播内容添加高度互动的元素，提升作品的传播效果和受众参与度。

2. 在数字人视频创作中可以做什么？

用户进入即构数智人创作平台页面后，单击"开始创作"按钮，如图 3-35 所示，即可开始视频编辑流程。

图 3-35 单击"开始创作"按钮

（1）多元化内容创作。

即构为 AI 数字人视频创作提供了丰富的模板和素材库，用户可以根据需求定制 AI 数字人形象并设计特定的互动情节。例如，在企业宣传中，即构可以创建 AI 数字人担任解说员，用拟人化的表达方式提升信息的趣味性；在教育培训视频中，即构支持设置互动提问环节，提升受众的参与感。

（2）高效视频生成与编辑。

即构通过其智能视频生成功能，帮助用户快速制作符合需求的 AI 数字人视频。用户可以直接上传脚本或语音，即构平台会自动匹配 AI 数字人的动作与表情，同时支持为视频添加字幕、特效和背景音效。借助即构强大的渲染能力，用户可以大幅缩短创作周期并提升作品质量。

（3）实时互动功能。

即构在直播领域的应用尤为突出，支持 AI 数字人与观众进行实时互动。通过即构平台的实时语音合成与动作匹配技术，AI 数字人可以在直播中实时回答观众问题、展示产品或讲解内容，极大地提升了直播的趣味性和互动性。此外，即构还支持多场景切换与动态背景设置，为直播内容增添更多层次感。

3. 页面介绍

即构平台页面以模块化布局为核心设计，帮助用户快速上手并高效完成创作任务。以下是即构平台页面的核心模块介绍。

（1）形象创作模块：该模块位于页面左侧，在该模块中，用户可以调整数字人的面部特征、服饰和配饰，也可以选择预设的形象模板进行快速定制。

（2）场景编辑模块：页面中心区域是场景编辑模块，用户可以在此搭建背景场景，添加动态元素并设置镜头视角。即构平台还将多层级背景融合功能集成于此模块，为视频内容增添细节。

（3）脚本与动作匹配模块：页面底部为脚本编辑与动作匹配模块，用户可以上传文字或音频，平台会根据脚本自动生成 AI 数字人的动作、表情和匹配口型。

(4)实时预览与导出模块:此模块位于页面右侧,用户在此可以实时预览作品的效果,在调整细节后导出为高质量视频,或直接用于直播场景。

即构以其多功能性与高效创作流程,为 AI 数字人视频创作注入了更多创意与互动元素。从形象定制到实时互动,即构平台的强大功能满足了用户的多样化需求,其直观的页面设计使每个环节都易于操作。借助即构,用户能够轻松实现从内容策划到传播的完整闭环创作,为视频创作和直播互动带来更多可能性。

3.3.5 即梦:核心功能、智能画布与创作平台

即梦是一款专注 AI 数字人视频创作的智能平台,它融合了核心功能、灵活的智能画布和高效创作工具。即梦平台不仅提供了便捷的 AI 数字人形象生成功能,还支持基于文字输入生成 AI 数字人图片及场景设计,为用户提供了强大的创作支持。本小节从即梦是什么、即梦在 AI 数字人视频创作中可以做什么,以及即梦页面功能 3 个方面展开介绍。

1. 即梦是什么?

即梦是一款一站式智能创作平台,专注提供高效、灵活的 AI 数字人视频制作解决方案。即梦平台支持用户通过文字描述生成 AI 数字人形象图片和对应场景,同时提供多种专业化模板、素材资源和动态特效,让用户能够快速构建符合创意需求的视频内容。作为一个集成化平台,即梦降低了 AI 数字人创作的技术门槛,为内容创作者、教育培训者及品牌推广者提供了创作的可能。

2. 即梦在 AI 数字人视频创作中可以做什么?

(1)文字生成 AI 数字人图片。

即梦的核心亮点之一是通过文字描述生成 AI 数字人形象图片。例如,输入"穿着正装的商务女性,微笑,站在会议室背景前",即梦会自动生成符合描述的 AI 数字人形象。这种功能不仅提升了创作效率,还最大限度地满足了个性化定制需求。

(2)智能画布构建场景。

平台提供智能画布,允许用户自由搭建场景,包括调整 AI 数字人的位置、姿态和动作,添加背景与道具,并支持动画处理。例如,在创作教育类视频时,可以通过智能画布将 AI 数字人置于教室背景中,并赋予其手势动作,结合动态文字强化讲解内容。

(3)丰富的模板与资源库。

即梦内置了大量场景模板和资源素材,涵盖教育培训、产品推广、品牌宣传等多个领域。用户可以直接选择模板,快速调整内容,生成高质量的 AI 数字人视频。例如,使用产品发布模板,用户只需替换背景,上传产品图片,并调整 AI 数字人解说内容,即可完成产品宣传视频制作。

(4)智能语音与动作同步。

即梦平台支持将文字输入转换为语音解说,并使其与 AI 数字人动作同步。用户可以选择不同风格的语音模板,并调节语速和音调,使数字人更具感染力。此外,AI 驱动的动作生成技术,可确保 AI 数字人的手势和表情与语音内容保持一致。

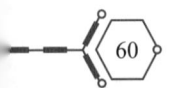

（5）动态特效与内容优化。

即梦允许用户为场景添加动态特效，例如粒子效果、光线变化等，使数字人视频更具吸引力。同时，平台内置内容优化工具，如自动对焦、色彩调整和音频增强等，确保最终视频达到专业级别的表现效果。

即梦AI"首页"操作页面如图3-36所示，用户进入平台后，可以直观看到各项功能布局，便于快速上手操作。

图3-36　即梦AI"首页"操作页面

3. 即梦页面功能

（1）智能画布。

智能画布是即梦的核心功能模块，在此，用户可以通过拖放操作快速布局场景。智能画布支持多层管理，允许独立编辑AI数字人形象、背景和动态特效。智能画布中的时间轴可以调整各元素的动画时间和节奏。

（2）文字生成与编辑。

文字生成与编辑模块位于页面顶部，用户输入简单描述，如"年轻女性，活泼风格，绿色背景"，系统便会自动生成AI数字人图片并将其嵌入场景。这一功能大大减少了人工设计的时间成本。

（3）模板与资源库。

模板与资源库模块位于页面左侧，分为模板、背景、特效和音乐四个类别。用户可以在此快速筛选并应用资源，例如，选择教育类模板，并结合内置背景和音乐素材，可以生成完整视频框架。

（4）预览与导出。

预览与导出模块位于页面底部，用户在此可以随时检查AI数字人的动作、语音同步和场景效果。在完成编辑后，平台支持多格式导出，并支持直接将视频发布至主流社交媒体或保存到本地。

即梦通过核心功能、智能画布与便捷页面，为AI数字人视频创作提供了高度个性化与自动化的创作体验。平台不仅支持文字生成AI数字人图片，还通过丰富的模板与资源库，为用户提供了全面支持。从形象生成到场景构建，再到内容优化和导出，即梦大幅降低了AI数字人创作的难度，使高质量视频创作变得更加简单高效。

3.3.6 蝉镜：AI 技术驱动的数字人克隆与视频创作平台

蝉镜作为一款前沿的 AI 技术驱动平台，专注数字人克隆技术与个性化视频创作的完美融合。凭借独特的 AI 技术，蝉镜能够将用户上传的简短视频素材转换为栩栩如生的 AI 数字人形象，并据此生成高质量、定制化的视频内容。

蝉镜的核心竞争力在于其先进的 AI 数字人克隆技术。该技术能够精准捕捉用户的面部特征、动作及表情，通过深度学习算法生成与用户形象高度相似的 AI 数字人。

用户只需上传一段视频，蝉镜便能在短时间内克隆出用户的 AI 数字人形象，为后续的视频创作奠定坚实基础。蝉镜的首页操作页面设计直观明了，为用户提供了便捷的操作体验。蝉镜首页操作页面主要分为几个核心区域，如图 3-37 所示。

图 3-37 蝉镜首页操作页面

下面对蝉镜首页操作页面中的核心区域进行相关讲解。

❶ 导航栏

导航栏位于蝉镜页面的左边，是用户访问不同功能和页面的主要入口。它包括以下几个关键部分。

（1）数字人像：用户可以在此查看和管理自己的 AI 数字人形象，进行形象定制和编辑。

（2）视频模板：提供多种预设的视频模板，用户可以根据模板快速创建视频作品。

（3）创作灵感：为用户提供创意灵感和案例分享，帮助用户激发创作灵感。

（4）形象商店：提供丰富的 AI 数字人形象和服装选择，用户可以在此购买和下载。

（5）我的视频：展示用户创作的所有视频作品，方便用户查看和管理。

（6）我的素材：存储用户上传和使用的所有素材，包括图片、视频和音频等。

（7）应用商店：提供蝉镜的扩展应用和功能插件，用户可以在此下载和安装。

❷ 创作工具

创作工具是蝉镜首页操作页面中的一个重要区域，集成了多种实用功能，旨在为用户提供便捷的视频创作辅助工具，具体内容如下。

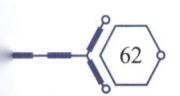

（1）AI 文案创作：利用人工智能技术，为用户提供智能文案创作服务，帮助用户快速生成优质的视频文案。

（2）批量生成视频：支持用户上传多个素材和设置参数，一键批量生成多个视频作品，提高创作效率。

（3）形象商店：与导航栏中的形象商店功能相同，提供 AI 数字人形象和服装的购买和下载服务。

（4）AI 应用商店：展示蝉镜的 AI 应用和功能插件，用户可以在此浏览、下载和安装所需的 AI 应用和功能插件。

❸ 公共数字人

公共数字人区域的设计使得用户可以快速找到并使用蝉镜的核心功能，提高创作体验和效率。

❹ 核心功能

该区域展示了蝉镜的 3 个核心功能，旨在方便用户快速找到并使用相应功能，具体内容如下。

（1）创建视频：用户可以在此快速创建视频作品，包括选择模板，添加素材和文案等。

（2）定制数字人：提供 AI 数字人形象的定制服务，用户可以在此根据自己的需求定制独特的 AI 数字人形象。

（3）照片说话：利用人工智能技术，自动将用户上传的照片转换为视频，并添加语音和字幕，生成有趣的视频作品。

> **温馨提示**
>
> 蝉镜与腾讯智影的登录方式相似，用户可在首页选择以下登录方式之一进行登录。
> （1）密码登录：输入已注册的账号（手机号或邮箱）和密码。
> （2）短信登录：输入手机号并接收验证码，然后输入验证码进行验证。
> （3）微信登录：使用微信账号进行授权登录。
> 根据所选方式完成验证后，用户即可成功登录。登录成功后，用户即可进入个人中心或创作页面，开始使用蝉镜提供的 AI 数字人克隆和视频创作功能进行视频创作。

3.4 本章小结

本章首先介绍了剪映工具，详细阐述了其下载方式、页面布局，以及数字人塑造、特效滤镜、美颜美体及视频导出等功能，助力用户掌握数字人视频创作基础；接着，探讨了腾讯智影工具，展示了其登录便捷、页面清晰、智能驱动、场景构建及视频合成等优势，提供了多样化创作选项；最后，列举了闪剪、有言、奇妙元等其他平台，这些平台各具特色，拓宽了用户的创作视野和选择空间。通过本章内容的学习，用户将全面掌握多种 AI 数字人视频创作工具，为创作之路增添更多创意与可能。

3.5 课后习题

1.请简述使用剪映工具进行AI数字人形象塑造的主要步骤,并解释每个步骤的作用。

答:在剪映中,AI数字人形象塑造的主要步骤包括形象选择、背景设定与景别调整。形象选择是确定AI数字人的外观和特征,背景设定是为AI数字人设置合适的背景环境,景别调整则是通过调整镜头与AI数字人之间的距离和角度,来呈现不同的视觉效果。

这些步骤共同作用,使得AI数字人形象更加生动、逼真,背景与AI数字人更加协调,从而增强视频的视觉效果和观赏性。

2.腾讯智影工具中的智能驱动功能是如何工作的?它能为AI数字人视频创作带来哪些便利?

答:腾讯智影工具中的智能驱动功能利用人工智能技术,对AI数字人的动作、表情和语音进行自动识别和处理,从而实现AI数字人的自动化生成和实时渲染。这一功能大大提高了AI数字人视频创作的效率和质量,减少了人工编辑和调整的时间成本。同时,智能驱动功能还能够根据用户的需求和喜好,对AI数字人的内容和表现进行优化和调整,使得AI数字人更加符合用户的期望和要求。

口播视频篇

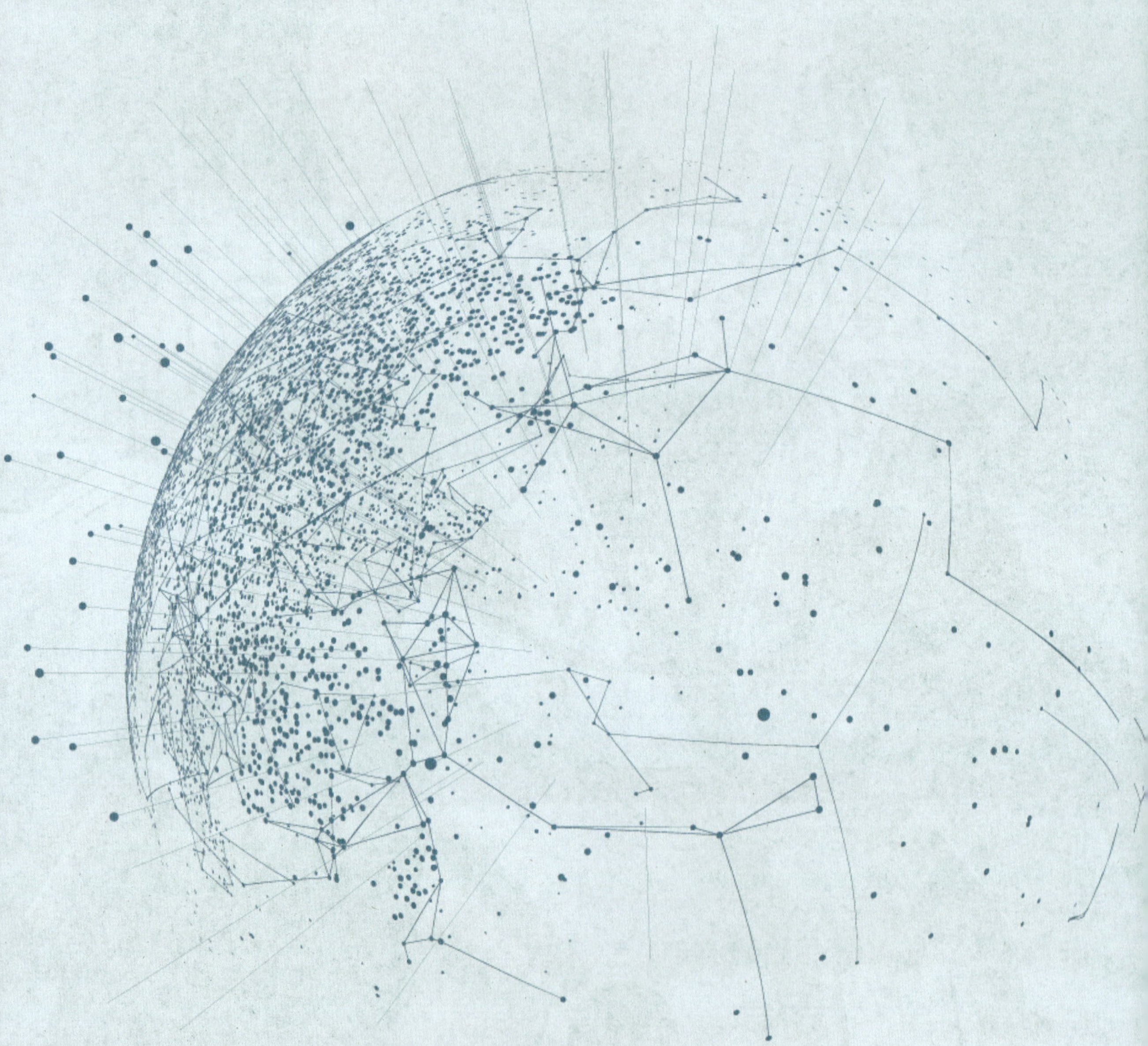

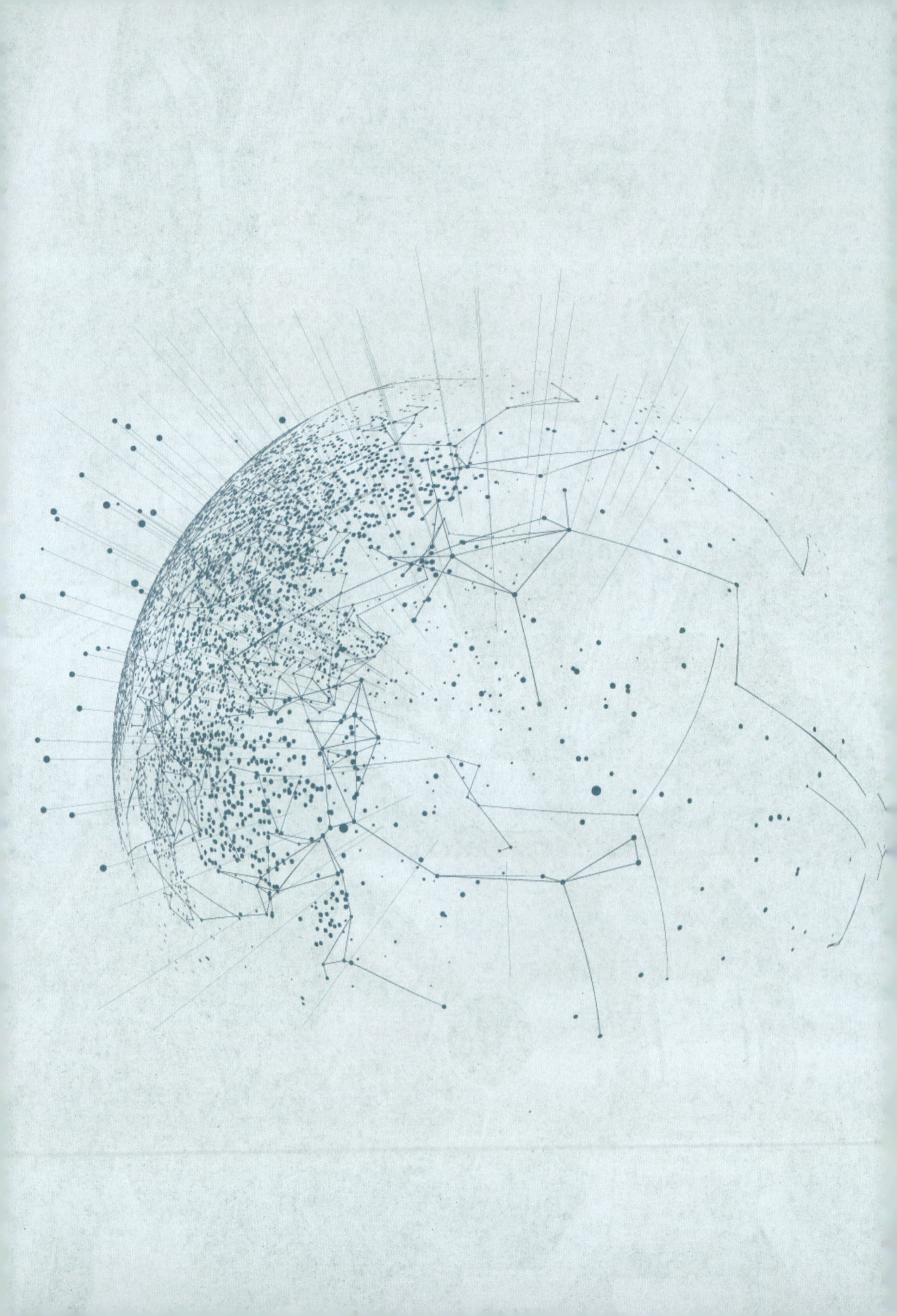

第 4 章

企业宣传：利用数字人提升品牌传播力

章前知识导读 ▶▶▶▶▶▶

在企业宣传中，AI 数字人能够显著提升品牌传播效果并增强互动性。本章将重点介绍 AI 数字人在企业宣传中的实际应用，并详细阐述制作高质量 AI 数字人视频的流程，帮助品牌提升受众参与感和品牌记忆度。

新手重点索引 ▶▶▶▶▶▶

- 利用 AI 数字人实现企业宣传的基础知识
- 企业宣传领域的 AI 数字人视频制作流程

效果图片欣赏 ▶▶▶▶▶▶

AI 数字人全面应用 形象制作＋口播视频＋直播带货＋客服沟通

4.1 利用 AI 数字人实现企业宣传的基础知识

在探讨 AI 数字人如何助力企业宣传之前，本节先介绍一下 AI 数字人视频在品牌传播中的应用和注意事项。掌握这些基础知识后，用户将更清晰地认识到 AI 数字人如何助力提升品牌影响力。

4.1.1 AI 数字人在企业宣传方面有哪些应用？

AI 数字人在企业宣传中的应用不仅广泛且具有高度实用性。凭借其独特的交互性、可定制性和全天候的可用性，AI 数字人已经成为企业提升品牌宣传力的重要工具。下面具体分析 AI 数字人在企业宣传中的几种核心应用。

扫码看视频

1. 品牌代言与形象塑造

AI 数字人在企业品牌代言和形象塑造方面展现了巨大的潜力。通过精确的定制，企业能够打造符合品牌调性的虚拟代言人，从而帮助品牌塑造独特形象，提升市场竞争力。

（1）个性化定制：AI 数字人可以根据企业的品牌形象、市场定位和目标受众进行深度定制，涵盖外观、声音、性格等多个方面，确保与品牌高度契合。这样的一对一定制化代言，不仅能提高品牌的辨识度，还能使品牌从激烈的市场竞争中脱颖而出。

（2）全天候在线：AI 数字人具备全天候在线的能力，不受时间限制，随时响应用户咨询并提供详细的产品信息。这不仅提高了品牌的曝光度，还促进了品牌与用户之间的互动，增强了品牌的亲和力。

2. 互动营销与用户体验优化

下面探讨 AI 数字人在互动营销和用户体验优化方面的应用。凭借实时互动的能力，AI 数字人不仅提升了用户的参与感，还能根据用户的需求精准推送个性化内容，使品牌与消费者之间有更紧密的联系。

（1）实时互动：AI 数字人借助自然语言处理和语音识别技术，能够与用户进行流畅对话，实时解答与产品或服务相关的问题，从而显著优化用户体验。

（2）精准营销：AI 数字人能根据用户的行为数据进行精准分析，进行个性化推荐，帮助企业更高效地提升营销效果和转化率。

3. 数据分析与营销策略优化

随着数字化营销的发展，数据分析在营销决策中扮演着至关重要的角色。AI 数字人能够通过收集并分析用户的行为数据，提供精准的洞察，帮助企业优化营销策略。

（1）用户洞察：AI 数字人能够分析用户的浏览记录、点击率等行为数据，为企业提供深刻的用户洞察，帮助企业了解市场趋势和客户需求。

（2）策略优化：基于收集的数据，企业能够调整营销策略，优化投放效果，从而提升效率，降低成本，确保投入产出比最大化。

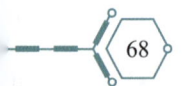

第 4 章 企业宣传：利用数字人提升品牌传播力

4. 提升品牌形象与品牌价值

通过 AI 数字人的精准宣传，企业能够更好地传递品牌的理念和价值观，增强消费者对品牌的信任感，进一步提升品牌的价值。

综上所述，AI 数字人在企业宣传中的应用不仅提供了个性化的代言模式，还通过互动式营销和创新的虚拟展示，提升了品牌的知名度和用户体验。通过精准的数据分析、多平台的传播和沉浸式的展示形式，AI 数字人正逐步成为企业宣传中不可或缺的重要工具。随着技术的不断进步，未来 AI 数字人将在企业宣传领域带来更多的机会和可能性。

4.1.2 企业宣传领域的 AI 数字人制作有哪些注意事项？

在企业宣传中，AI 数字人作为虚拟代言人发挥着越来越重要的作用，但在制作过程中，企业需要特别注意一些关键细节，才能确保最终效果达到最佳。下面将重点介绍制作企业宣传 AI 数字人时需要关注的几个关键事项。

扫码看视频

1. 品牌调性与 AI 数字人形象的匹配

AI 数字人必须与企业品牌形象保持一致，无论是外观、语音，还是行为方式，都需要确保与品牌的调性和价值观高度契合。

（1）外观设计：AI 数字人的外观应与企业的品牌风格相符。例如，科技品牌的 AI 数字人外观应设计得更现代、简洁，传统品牌的 AI 数字人外观则应偏向稳重和成熟。

（2）语音与语气：语音和语气的选择同样至关重要。温暖亲和的品牌适合选用柔和的语调，专业技术品牌则适合选用清晰、简洁的语音风格，应确保语音与品牌形象一致。

2. 技术支持与平台的兼容性

在制作 AI 数字人时，技术支持和平台的兼容性非常重要，要确保数字人在多个平台上都能流畅展示，提升品牌曝光率。

（1）多平台适配：AI 数字人需要在不同的设备和平台上展现一致的效果。从 PC 端到手机端，从社交媒体到移动应用，都需要经过测试，确保它能流畅地在多平台上运行。

（2）技术支持与更新：随着 AI 技术的不断进步，选择的技术方案也需要具备可持续性，确保未来能够通过更新提升 AI 数字人的功能和表现。

3. 用户体验与互动效果

AI 数字人最大的优势之一就是互动性。在制作 AI 数字人时，必须确保其能够与用户进行流畅的对话，以提升用户的参与感，进而增强品牌忠诚度。

（1）语音识别与自然语言处理：AI 数字人需要具备精准的语音识别和自然语言处理能力，确保用户与 AI 数字人的互动顺畅无阻。

（2）实时反馈与情感交流：AI 数字人在互动时应能够根据用户的情绪做出反应，使得对话更具人性化，增强用户的情感连接。

4. 法律与道德合规

在制作 AI 数字人时，法律和道德合规的问题同样不能忽视，尤其是在涉及虚拟形象的创作和用户数据的使用时。

（1）肖像权与版权问题：AI 数字人的形象和声音常常会使用虚拟人物或名人形象，因此必须确保已经获得合法授权，避免侵犯肖像权与版权。

（2）数据隐私保护：AI 数字人往往会收集用户的行为数据，企业需确保遵循数据隐私政策，保障用户信息的安全，并避免数据泄露。

5. 情感表达与品牌个性

AI 数字人不仅是信息传递工具，更是情感传递的载体。在制作 AI 数字人时，要特别注意情感的表达，使其与品牌的个性和目标受众产生共鸣。

（1）情感调节：AI 数字人要根据品牌定位表现出适当的情感。例如，健康类品牌应当选择温暖、关怀的语调，高科技品牌则可以采用冷静、理性的表达风格。

（2）互动中的情感联系：除了语音外，AI 数字人的面部表情和肢体动作也应能表达情感，使互动更加生动、真实，进一步加深用户的品牌认同感。

在制作 AI 数字人时，品牌调性、技术兼容、用户体验、法律合规等方面都需要特别注意。通过精准的设计和不断的优化，AI 数字人可以为企业带来更多的宣传机会，提升品牌形象，增强与用户的互动。随着技术的不断发展，AI 数字人将成为企业宣传工作中越来越重要的工具。

4.2 企业宣传领域的 AI 数字人视频制作流程

制作 AI 数字人视频涉及一系列重要步骤，从展示效果到 AI 数字人形象的生成，再到素材的调整与编辑，每个环节的精确操作都能确保视频的高质量呈现。本节将详细讲解这些关键步骤，帮助大家顺利完成制作流程。

4.2.1 效果展示

预览 AI 数字人企业宣传视频的效果展示，感受其惊艳与魅力。这不仅是技术实力的展现，更是点燃创意火花，引领后续 AI 数字人形象生成、驱动、背景导入及视频编辑等的关键步骤，效果展示如图 4-1 所示。

图 4-1 效果展示

4.2.2 生成 AI 数字人形象

在剪映电脑版中，用户添加一段文本后，才能找到添加 AI 数字人的入口。因此，用户可以先选择一个 AI 数字人形象，来生成一段默认的 AI 数字人素材，从而保留 AI 数字人编辑的入口，方便后续文案的创作和 AI 数字人的生成与调整，具体操作方法如下。

STEP 01 打开剪映电脑版软件，进入剪映首页界面，单击"开始创作"按钮，如图 4-2 所示。

图 4-2 单击"开始创作"按钮

STEP 02 执行操作后，即可新建一个草稿并进入剪映的视频创作界面，切换至"文本"功能区，如图4-3所示。

图4-3 切换至"文本"功能区

STEP 03 在"新建文本"选项卡中单击"默认文本"右下角的"添加到轨道"按钮 ⊕，如图4-4所示，添加文本。

图4-4 单击"添加到轨道"按钮

STEP 04 此时可以在操作区中看到"数字人"标签，单击该标签，切换至"数字人"操作区，如图4-5所示。

图4-5 切换至"数字人"操作区

第 4 章 » 企业宣传：利用数字人提升品牌传播力

STEP 05 ❶选择相应的数字人；❷单击"添加数字人"按钮，如图4-6所示。

图 4-6　单击"添加数字人"按钮

STEP 06 执行操作后，即可将所选的数字人添加到时间线窗口的轨道中，并显示相应的渲染进度，如图4-7所示。稍后即可完成数字人的渲染。

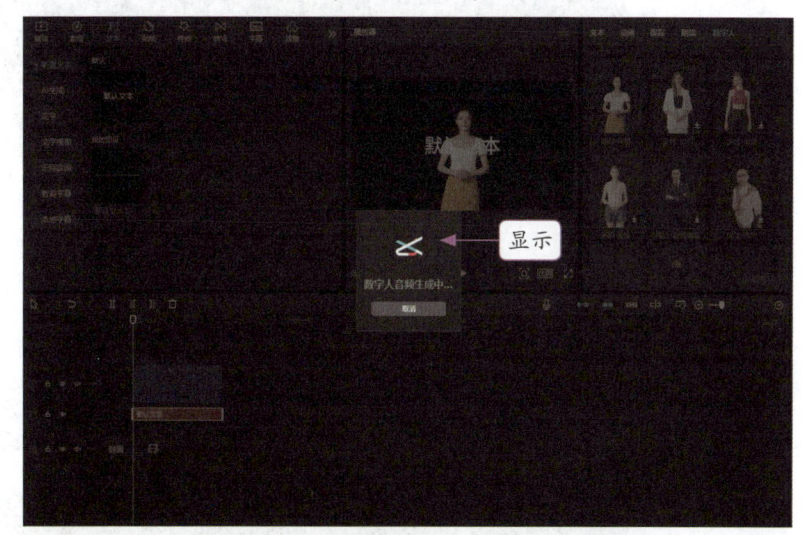

图 4-7　显示相应的渲染进度

STEP 07 ❶选择文本素材；❷单击"删除"按钮，如图4-8所示，将其删除。

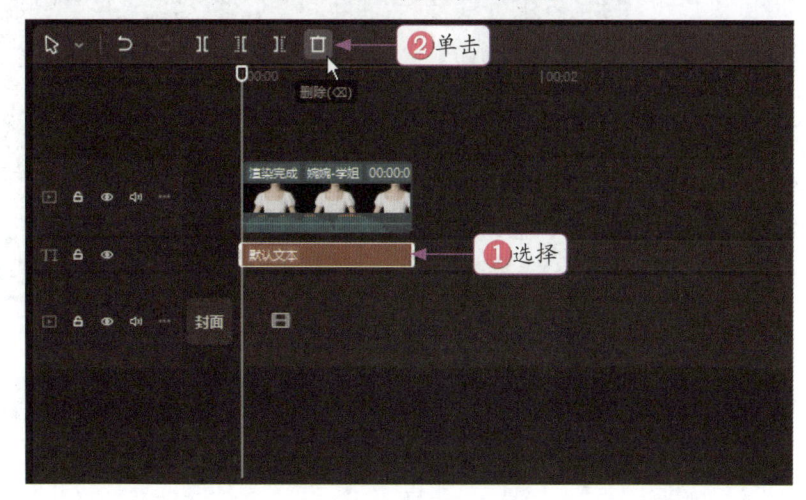

图 4-8　单击"删除"按钮

73

4.2.3 驱动数字人

在剪映电脑版中,通过 AI 功能更新数字人口播文案,删除原有内容,输入新文案,渲染数字人素材,以及更换音色的具体操作方法如下。

STEP 01 选择视频轨道中的数字人素材,切换至"文案"操作区,如图 4-9 所示。

图 4-9 切换至"文案"操作区

STEP 02 ❶选择文本内容;❷单击鼠标右键,在弹出的快捷菜单中选择"删除"选项,如图 4-10 所示,即可删除内容。

图 4-10 选择"删除"选项

> ▶ 专家指点
>
> 在剪映中,单击"智能文案"或"文案推荐"按钮,即可根据个人喜好生成文案。此外,还可以利用其他软件,如文心一言、Kimi 等,来撰写文案。

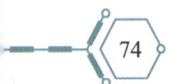

第 4 章 » 企业宣传：利用数字人提升品牌传播力

STEP 03 执行操作后，❶输入宣传文案；❷单击"确认"按钮，如图 4-11 所示。

图 4-11 单击"确认"按钮

STEP 04 执行操作后，会显示数字人轨道的渲染进度，如图 4-12 所示，即可完成更新数字人音频的操作。

图 4-12 显示数字人轨道的渲染进度

STEP 05 选择视频轨道中的数字人素材，切换至"换音色"操作区，如图 4-13 所示。

图 4-13 切换至"换音色"操作区

75

STEP 06 ❶选择合适的选项；❷单击"开始朗读"按钮，如图4-14所示，即可将数字人的声音替换为自己喜欢的声音。

图4-14 单击"开始朗读"按钮

4.2.4 导入背景素材

用户可以将提前准备好的背景素材导入剪映中，让数字人视频的画面更有观赏性，具体操作方法如下。

STEP 01 ❶切换至"媒体"功能区；❷在"本地"选项卡中单击"导入"按钮，如图4-15所示。

图4-15 单击"导入"按钮

第 4 章 企业宣传：利用数字人提升品牌传播力

STEP 02 弹出"请选择媒体资源"对话框，❶选择相应的素材和背景图片；❷单击"打开"按钮，如图 4-16 所示，即可将背景图片和素材导入"媒体"功能区中。

图 4-16 单击"打开"按钮

STEP 03 单击相应素材右下角的"添加到轨道"按钮，如图 4-17 所示，即可将素材添加到主轨道中。

图 4-17 单击右下角的"添加到轨道"按钮

STEP 04 调整背景图片为与数字人视频的时长一致，如图 4-18 所示。

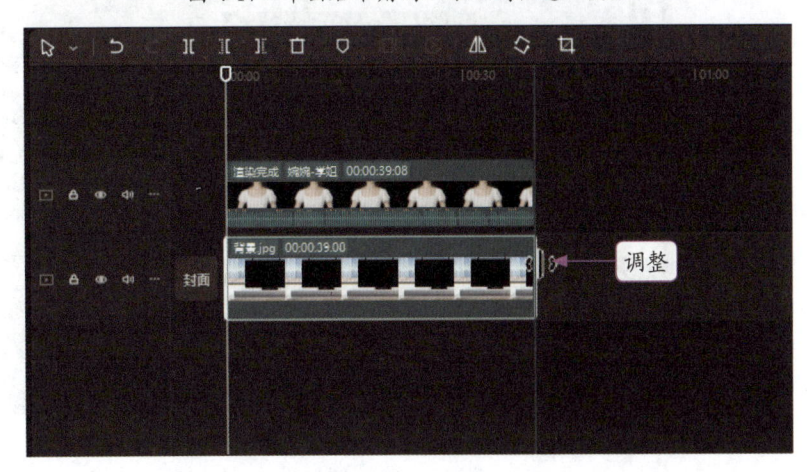

图 4-18 调整背景图片为与数字人视频的时长一致

4.2.5 调整数字人素材

确定了口播文案后，用户可以对数字人素材的效果进行调整和优化，下面介绍具体的操作方法。

STEP 01 选择画中画轨道中的数字人素材，❶切换至"画面"操作区；❷设置"缩放"参数为90%，如图4-19所示，调整数字人的大小。

图4-19 设置"缩放"参数

STEP 02 设置"位置"选项组中的X参数为-1333，Y参数为-108，如图4-20所示，调整数字人的位置，使其位于画面的左下角。

图4-20 设置"位置"参数

4.2.6 导入并编辑视频素材

在数字人视频中,添加一些合适的视频素材可以增强视频画面的美观度,并增加宣传的可信度,具体操作方法如下。

STEP 01 在轨道区中,拖曳时间轴至 00:00:02:00 位置,❶切换至"媒体"功能区;❷选择相应的视频素材,如图 4-21 所示。

图 4-21 选择相应的视频素材

STEP 02 执行操作后,将素材拖曳至画中画轨道中,如图 4-22 所示,即可添加素材。

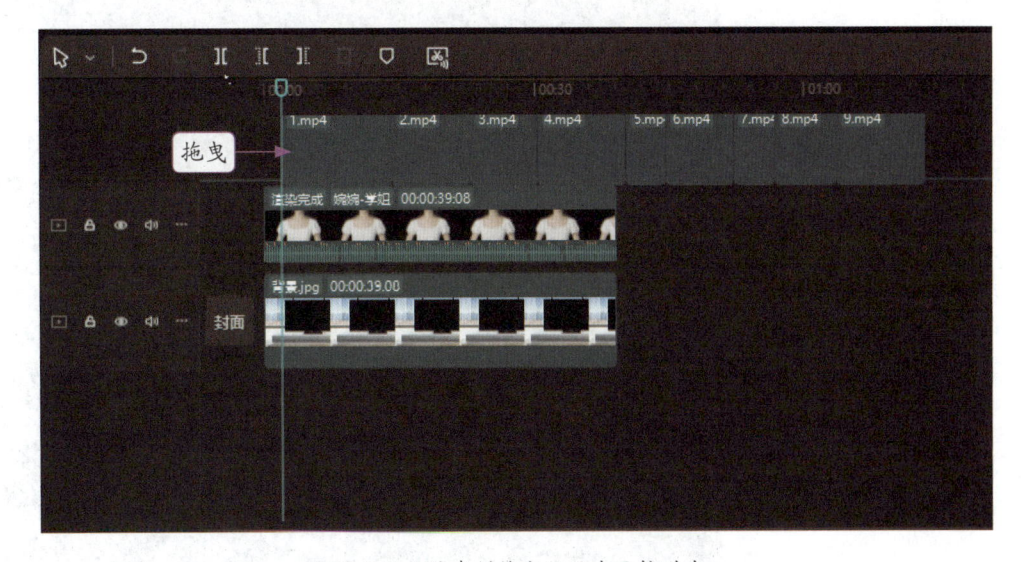

图 4-22 将素材拖曳至画中画轨道中

STEP 03 ❶选择第1个视频;❷切换至"画面"操作区;❸设置"缩放"参数为64%;❹设置"位置"选项组中的X参数为635,Y参数为270,如图4-23所示,调整视频素材的位置与大小。

图4-23 设置"位置"参数

STEP 04 ❶切换至"变速"操作区;❷在"常规变速"选项卡中设置"倍速"参数为4.5x,如图4-24所示,调整视频素材的播放速度和时长。

图4-24 设置"倍速"参数

STEP 05 用与上同样的方法,为其余的视频素材设置缩放、位置、变速参数,效果如图4-25所示。

图4-25 设置视频素材的缩放、位置、变速参数后的效果

4.2.7 添加并编辑文本

在视频制作过程中,添加并编辑文本很关键,本小节将介绍其具体操作方法如下。

STEP 01 ❶切换至"文本"功能区;❷单击"默认文本"右下角的"添加到轨道"按钮 ➕,如图 4-26 所示,即可添加文本。

图 4-26 单击"添加到轨道"按钮

STEP 02 调整文本时长至相应位置,如图 4-27 所示。

图 4-27 调整文本时长至相应位置

STEP 03 在"文本"操作区中，❶输入内容；❷设置字体；❸设置"字号"为11；❹单击"加粗"按钮B，如图4-28所示，即可加粗文字。

图4-28 单击"加粗"按钮

STEP 04 ❶设置"行间距"为12；❷在"对齐方式"选项组中单击■按钮，如图4-29所示，即可使文字左对齐。

图4-29 单击相应按钮

STEP 05 ❶在"预设样式"选项组中选择第1排第2个样式；❷在"位置"选项组中设置X参数为638，Y参数为297，如图4-30所示，调整文字的位置。

图4-30 设置"位置"参数

4.2.8 优化视频字幕效果

为增强数字人视频观感,我们还需优化字幕效果,具体操作方法如下。

STEP 01 在"文本"功能区的"智能字幕"选项卡中,单击"识别字幕"中的"开始识别"按钮,如图 4-31 所示,即可自动识别字幕。

图 4-31 单击"开始识别"按钮

STEP 02 选择第 1 个文本字幕,在"文本"操作区中设置相应字体,如图 4-32 所示。

图 4-32 设置相应字体

STEP 03 ❶在轨道区中，拖曳时间轴至相应位置；❷选择第 3 个文本字幕；❸单击"分割"按钮，如图 4-33 所示，将其分割为两部分。

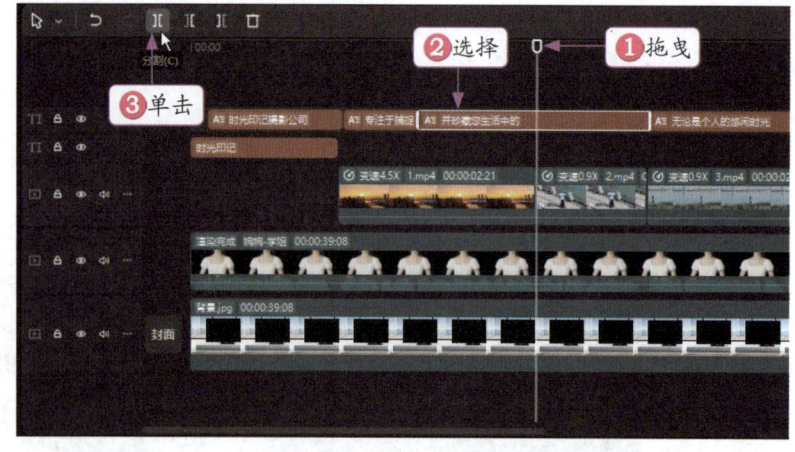

图 4-33　单击"分割"按钮

STEP 04 执行操作后，选择第 3 个文本，在"文本"操作区的"基础"选项卡中，删除多余的文本内容，如图 4-34 所示。

图 4-34　删除多余的文本内容（1）

STEP 05 执行操作后，选择第 4 个文本，在"文本"操作区的"基础"选项卡中，删除多余的文本内容，如图 4-35 所示。

图 4-35　删除多余的文本内容（2）

STEP 06 用与上同样的方法，分割相应文本并删除多余的内容，效果如图4-36所示。

图4-36 将其余太长的文本内容进行分割调整

STEP 07 选择第1个字幕，❶切换至"文本"操作区；❷在"基础"选项卡中设置"缩放"参数为199%；❸设置"位置"选项组中的X参数为577，Y参数为-780，如图4-37所示，使字幕不会遮挡住数字人。

图4-37 设置"缩放"与"位置"参数

STEP 08 执行操作后，❶全选文本；❷切换至"动画"操作区；❸在"入场"选项卡中选择"打字机Ⅱ"选项，如图4-38所示，即可完成字幕动画效果设置。

图4-38 完成字幕动画效果设置

4.2.9 添加背景音乐效果

给数字人视频添加背景音乐效果，可以提升视频的感染力和观看体验，具体操作方法如下。

STEP 01 ❶切换至"音频"功能区；❷在"音乐素材"|"收藏"选项卡中单击相应音乐右下角的"添加到轨道"按钮，如图4-39所示，即可将相应的音乐添加到轨道中。

图4-39 单击"添加到轨道"按钮

STEP 02 ❶拖曳时间轴至相应位置；❷单击"分割"按钮，如图4-40所示，即可将背景音乐分割为两段。

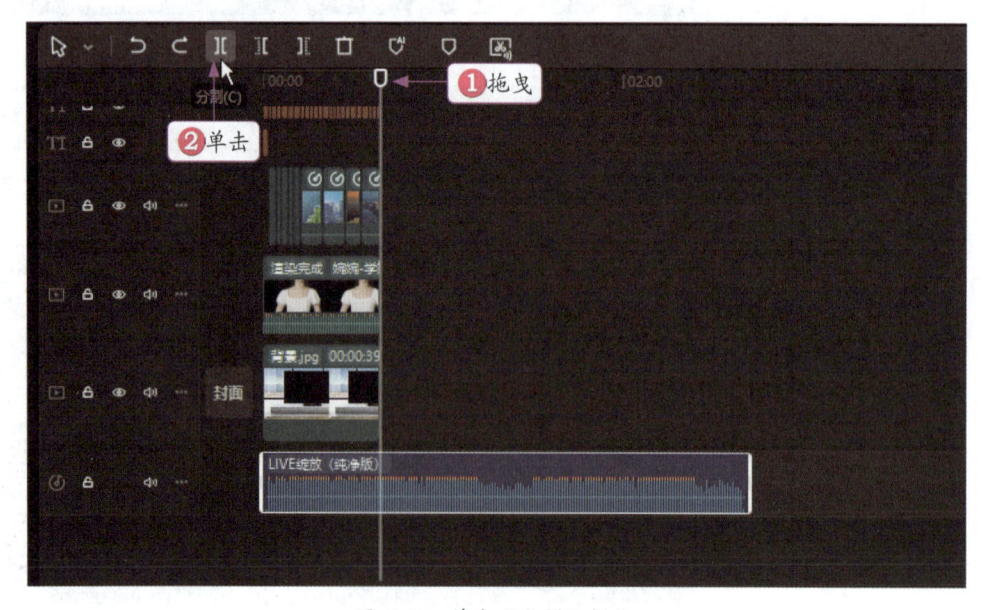

图4-40 单击"分割"按钮

STEP 03 ❶选择第 2 段音频素材；❷单击"删除"按钮 ▣ ，如图 4-41 所示，即可将其删除。

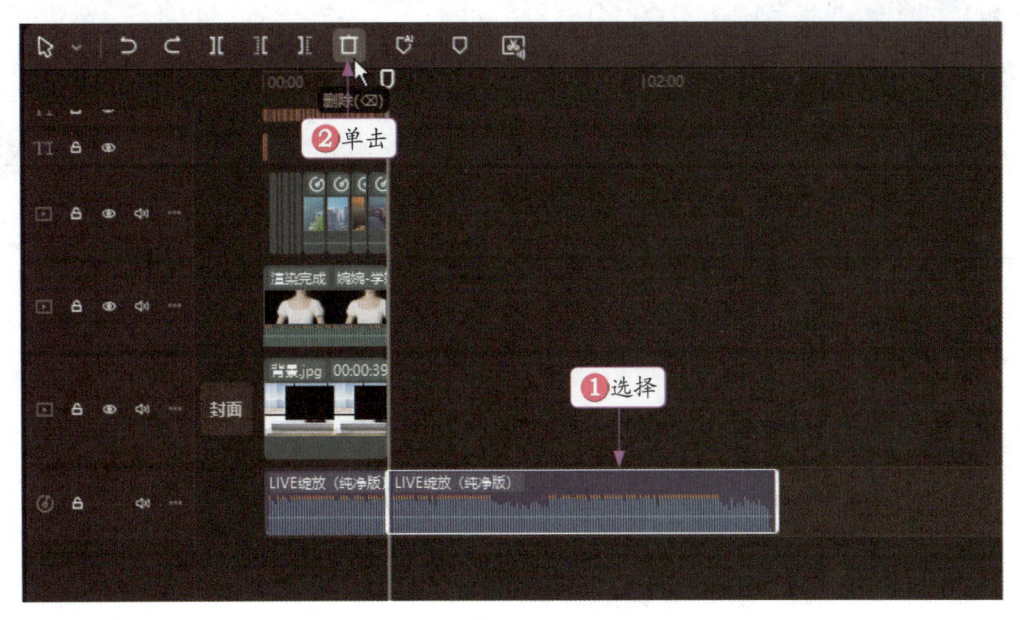

图 4-41　单击"删除"按钮

STEP 04 选择音频素材，在"基础"操作区中设置"音量"为 –16.2dB，"淡入时长"为 0.4s，"淡出时长"为 1.0s，适当降低背景音乐的音量，并添加淡入和淡出效果，如图 4-42 所示。

图 4-42　设置相应参数

▶ 温馨提示

　　在音频编辑中，淡入和淡出是常见的音频效果，可以用来调整音频的起始和结束部分。淡入是指音频从无声渐渐到最大音量的过程，而淡出是指音频从最大音量渐渐到无声的过程。

第 5 章

教育培训：利用数字人提升学生的学习参与度

章前知识导读 ▶▶▶▶▶▶

在教育培训领域中，AI 数字人能够有效提升学生的学习参与度，使教学内容更加生动且富有互动性。本章将详细介绍教育培训 AI 数字人视频的基础知识及制作流程，帮助教育工作者更好地运用这一技术进行教学创新。

新手重点索引 ▶▶▶▶▶▶

- 利用 AI 数字人实现教育培训的基础知识
- 教育培训领域的 AI 数字人视频制作流程

效果图片欣赏 ▶▶▶▶▶▶

5.1 利用 AI 数字人实现教育培训的基础知识

在教育培训领域，AI 数字人视频正崭露头角。本节先介绍 AI 数字人如何改变教育培训，再转向制作时的注意事项。

5.1.1 AI 数字人在教育培训方面有哪些应用？

在教育培训领域，AI 数字人的应用展现出了广泛且深入的潜力，为传统教育模式带来了革新，以下是对其具体应用内容的详细阐述。

1. 个性化教学与辅导

随着教育理念的进步，个性化教学已成为教育发展的重要趋势。AI 数字人在这一领域的应用，为每个学生提供了量身定制的学习体验。

（1）学习风格与资源匹配：AI 数字人可通过深度分析学生的学习行为，精准把握学生的学习风格、兴趣点、薄弱环节及优势领域。AI 数字人还能为学生推荐符合其需求的学习资源，如网课、教材、文章等，并根据学生的学习进度和反馈持续调整推荐策略，确保资源的高度匹配性。

（2）定制化学习计划：AI 数字人可依据学生的具体情况，量身定制学习计划，引导学生按照自己的节奏和进度进行学习。这种个性化的辅导方式，能够显著提升学习效果，使学生在 AI 数字人的指导下，根据自身能力进行有针对性的学习。

2. 远程教育与在线互动

在数字化时代，远程教育已成为教育的重要组成部分。AI 数字人在这一领域的应用，进一步提升了远程教育的质量与互动性。

（1）远程教学沉浸感：AI 数字人利用先进的图像和声音技术与学生进行实时远程互动，提供近似于面对面教学的教学体验。它们能够即时回答学生的问题，提供详细解答和清晰解释，帮助学生深入理解知识。

（2）作业批改与学习反馈：AI 数字人具备自动化作业批改能力，能够迅速、准确地评估学生的答题情况。通过在线评估系统，AI 数字人还能生成详细的学习报告，帮助学生清晰了解自己的学习进展和需要改进之处。

3. 沉浸式学习与模拟实践

沉浸式学习是一种新型的学习方式，它能够让学生身临其境地体验学习内容。AI 数字人在这一领域的应用，为学生提供了更加丰富的学习体验。

（1）将虚拟现实技术融入教学：AI 数字人能够创建生动的虚拟场景，让学生身临其境地体验学习内容。例如，在历史课的学习过程中，学生可以进入虚拟的古代场景，扮演历史人物角色，与历史事件进行亲密互动，从而加深学习印象。

（2）模拟实践场景训练：AI 数字人提供了丰富的模拟实践场景，帮助学生进行实践性教学和职业培训。在模拟手术、模拟面试等工作场景中，AI 数字人能够扮演各种角色，与学生进行人机互动训练，既提供安全无风险的实践机会，又提升学生的操作技能和问题解决能力。

4. 情感支持与心理辅导

除了学习上的辅导与支持外，AI 数字人在情感与心理方面也发挥着重要作用。

（1）情感陪伴与信任建立：AI 数字人具备情感陪伴功能，能够与学生建立深厚的信任关系，帮助他们缓解学习压力，提供温暖的情感支持。

（2）个性化心理辅导：AI 数字人运用大数据分析和机器学习算法，深入挖掘学生的潜在问题和需求，为他们提供更精确、个性化的心理辅导服务。与真人心理老师相比，AI 数字人具有高度的隐私保密性，能够让学生更加放心地分享自己的问题和受到的困扰。

综上所述，AI 数字人在教育培训领域的应用涵盖了个性化教学与辅导、远程教育与在线互动、沉浸式学习与模拟实践，以及情感支持与心理辅导等多个方面。这些应用不仅显著提升了学习效果，还促进了教育资源的公平分配，为教育行业带来了前所未有的深刻变革。

5.1.2 教育培训领域的 AI 数字人制作有哪些注意事项？

在制作教育培训领域的 AI 数字人时，以下事项须特别注意。

1. 明确目标与需求

在项目启动前，务必清晰界定 AI 数字人的角色定位（如助教、讲师或学习伙伴）及其所需的功能，确保这些功能紧密贴合教育培训场景的实际需求。

2. 设计与开发

设计与开发阶段是数字人制作的核心环节，具体内容如下。

（1）外观设计：AI 数字人的外观应与教育培训场景的氛围相协调，在设计时考虑学生的审美倾向，以打造吸引人的视觉形象。

（2）动作与表情：AI 数字人的动作与表情应自然流畅，模拟人类行为特征，以增强互动的真实感和沉浸体验，激发学生的学习热情。

（3）交互界面与逻辑：界面应直观友好，确保学生易于理解和操作，降低学习成本，提高学习效率。

3. 数据质量与隐私保护

数据质量和隐私保护是制作 AI 数字人时不可忽视的重要方面，具体内容如下。

（1）确保用于训练的 AI 数字人的数据准确、合法，并严格遵守隐私保护法规，保障学生信息的安全。

（2）在数据收集和使用过程中，采取有效措施防止学生隐私泄露，遵守相关法律法规，建立学生对 AI 数字人的信任感。

4. 用户体验

用户体验是衡量 AI 数字人成功与否的关键指标，具体内容如下。

（1）重视 AI 数字人的交互体验，确保学生能够轻松上手并享受与数字人的互动过程，提升学习积极性和满意度。

（2）根据用户反馈持续优化 AI 数字人的功能和性能，满足学生多样需求，提升用户体验满意度和忠诚度。

5. 安全性与可扩展性

安全性和可扩展性是确保 AI 数字人长期稳定运行的重要因素，具体内容如下。

（1）AI 数字人应具备强大的安全性能，有效防止恶意攻击及数据泄露，以保障学生的信息安全。

（2）随着技术的发展和应用场景的变化，AI 数字人应具备可扩展性，以便适应未来可能的需求变化，延长使用寿命。

6. 个性化与定制化

针对教育培训的多样需求，个性化与定制化至关重要，具体内容如下。

（1）根据教育培训场景的具体需求，为 AI 数字人定制独特的外观、性格和行为模式，以吸引学生的注意力。

（2）通过个性化设计，使数字人更加符合学生的喜好和需求，提升教育培训效果和吸引力，促进个性化学习。

综上所述，制作教育培训领域的 AI 数字人需要综合考虑多个方面的因素，确保最终产品能够满足预期目标，并为学生带来最佳的学习体验；同时，需不断关注技术发展和市场需求变化，以便及时调整和优化 AI 数字人的设计和功能。

5.2 教育培训领域的 AI 数字人视频制作流程

AI 数字人视频的制作流程并不复杂，但需要进行精确的操作和细致的步骤。本节将详细讲解其制作过程，从效果展示到内容编辑，帮助教育工作者掌握整个制作流程。

5.2.1 效果展示

在深入了解教育培训 AI 数字人视频的具体制作流程之前，我们先通过精彩的效果展示，领略 AI 数字人在教育培训视频中的卓越风采。效果展示不仅能激发创作灵感，更为后续的数字人模板挑选、播报内容融入、文字效果雕琢及视频合成等步骤奠定坚实基础。效果展示如图 5-1 所示。

AI 数字人全面应用 形象制作＋口播视频＋直播带货＋客服沟通

图 5-1　效果展示

5.2.2　选择合适的数字人模板

"数字人播报"功能页面中提供了大量的特定场景模板，用户可以直接从中选择，从而提升创作效率，具体操作方法如下。

扫码看视频

STEP 01 进入腾讯智影的"创作空间"页面，单击"数字人播报"功能页面中的"去创作"按钮，如图 5-2 所示。

图 5-2　单击"去创作"按钮

STEP 02 执行操作后，进入"数字人播报"功能页面，❶展开"模板"面板；❷在"横版"选项卡中选择相应的数字人模板，如图 5-3 所示。

第 5 章 ≫ 教育培训：利用数字人提升学生的学习参与度

图 5-3　选择相应的数字人模板

STEP 03 执行操作后，在弹出的对话框中可以预览该数字人模板的视频效果，如图 5-4 所示。

图 5-4　预览数字人模板的视频效果

STEP 04 单击"应用"按钮，即可添加合适的数字人模板，如图 5-5 所示。

图 5-5　添加合适的数字人模板

93

5.2.3 导入自定义的播报内容

除了直接输入播报内容外，用户还可以导入由文心一言等 AI 工具生成的自定义播报内容，提升播报内容的编辑效率，具体操作方法如下。

STEP 01 ❶选择第 1 段 PPT 页面；❷在编辑区的"播报内容"选项卡中单击"导入文本"按钮，如图 5-6 所示。

图 5-6 单击"导入文本"按钮

STEP 02 弹出"打开"对话框，❶选择相应的文本文件；❷单击"打开"按钮，如图 5-7 所示，弹出"导入文本"对话框。

图 5-7 单击"打开"按钮

第 5 章 >> 教育培训：利用数字人提升学生的学习参与度

STEP 03 单击"继续"按钮，如图 5-8 所示，即可导入文本文件中的播报内容。

图 5-8 单击"继续"按钮

STEP 04 将光标定位到相应的文字位置处，单击"插入停顿"按钮，在弹出的列表框中选择"停顿（0.5 秒）"选项，即可在相应的文字位置处插入一个停顿标记，如图 5-9 所示。也就是说，数字人播报到这里时会停顿 0.5 秒再往下读。

图 5-9 插入一个停顿标记

STEP 05 在"播报内容"选项卡底部单击 舒馨 1.0x 音色按钮，如图 5-10 所示。舒馨 1.0x 为模板中默认的数字人音色和读速。

图 5-10 单击相应按钮

95

STEP 06 弹出"选择音色"对话框，❶选择合适的音色，如在"知识科普"音色选项卡中选择"如云"音色；❷设置"读速"为 0.9，适当降低播报内容的播放速度；❸单击"确认"按钮，如图 5-11 所示，即可成功修改数字人的音色和读速。

图 5-11　单击"确认"按钮

STEP 07 在设置完数字人的音色之后，在编辑区底部单击"保存并生成播报"按钮，如图 5-12 所示，将生成特定音色下的播报音频，用户可以试听音频。

图 5-12　单击"保存并生成播报"按钮

STEP 08 使用与上同样的操作方法，为第 2 段 PPT 页面添加相应的内容，如图 5-13 所示。

图 5-13　添加相应的内容（1）

第 5 章 》教育培训：利用数字人提升学生的学习参与度

STEP 09 使用与上同样的操作方法，为第 3 段 PPT 页面添加相应的内容，如图 5-14 所示。

图 5-14 添加相应的内容（2）

5.2.4 编辑数字人的文字效果

用户可以随意编辑数字人视频中的文字效果，包括新建文本、修改文本内容、修改文本样式等，具体操作方法如下。

扫码看视频

STEP 01 选择第 1 段 PPT 页面，❶在预览区中选择相应的文本；❷在编辑区的"样式编辑"选项卡中更改文本内容；❸设置相应字体，如图 5-15 所示。

图 5-15 设置相应字体（1）

97

STEP 02 ❶在预览区中选择相应的文本；❷在编辑区的"样式编辑"选项卡中更改文本内容；❸设置相应字体，如图5-16所示。

图5-16 设置相应字体（2）

STEP 03 在"基础调节"选项区中，❶设置X坐标为-255，Y坐标为49；❷设置"缩放"为129%，如图5-17所示，即可调整文字位置与大小。

图5-17 设置"缩放"参数

STEP 04 在预览区中选择相应的文本，❶更改文本内容；❷设置相应字体；❸在"基础调节"选项区中，设置X坐标为-274，Y坐标为204，"缩放"为120%，如图5-18所示，即可调整文字位置与大小。

图5-18 设置相应参数（1）

STEP 05 ❶选择第 2 段 PPT 页面；❷在预览区中选择相应的文本；❸在编辑区的"样式编辑"选项卡中更改文本内容；❹设置相应字体，如图 5-19 所示。

图 5-19　设置相应字体（3）

STEP 06 在"基础调节"选项区中，设置 X 坐标为 –149，Y 坐标为 –184，"缩放"为 79%，如图 5-20 所示，即可调整文字位置与大小。

图 5-20　设置相应参数（2）

STEP 07 ❶在预览区中选择相应的文本；❷在编辑区的"样式编辑"选项卡中更改文本内容；❸设置相应字体；❹设置"字号"为 64；❺单击 ≡ 按钮，如图 5-21 所示，即可使文本左对齐。

图 5-21　单击相应按钮

STEP 08 在"基础调节"选项区中,设置 X 坐标为 –241,Y 坐标为 –74,"缩放"为 56%,如图 5-22 所示,即可调整文字位置与大小。

图 5-22 设置相应参数(3)

STEP 09 使用与上同样的操作方法,在预览区中选择相应的文本,更改文本内容、字体、字号和对齐方式,调节坐标及缩放参数,效果如图 5-23 所示。

图 5-23 调整文本的效果(1)

STEP 10 使用与上同样的操作方法，在预览区中选择相应的文本，更改文本内容、字体、字号和对齐方式，调节坐标以及缩放参数，效果如图 5-24 所示。

图 5-24　调整文本的效果（2）

STEP 11 ❶选择第 3 段 PPT 页面；❷选择相应文本；❸单击鼠标右键，在弹出的快捷菜单中选择"删除"选项，如图 5-25 所示，将其删除。使用同样的方法，把其余的文本删除。

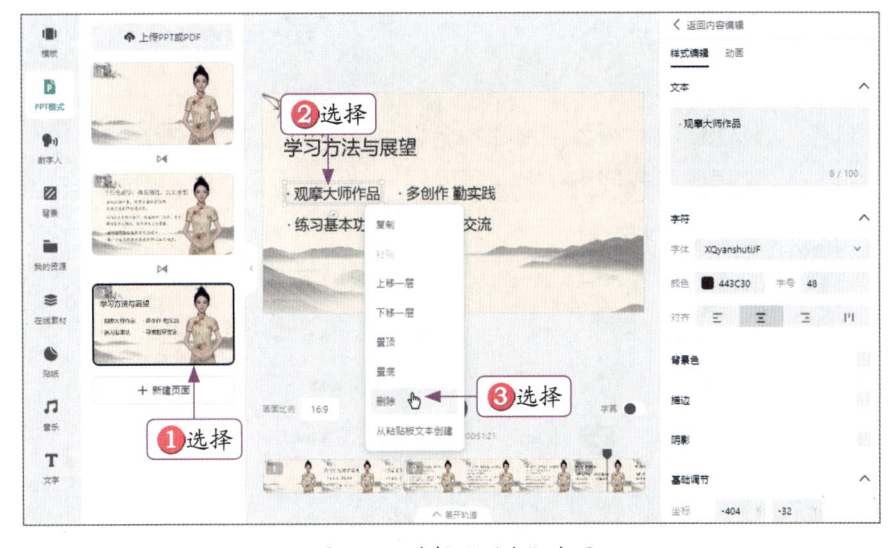

图 5-25　选择"删除"选项

STEP 12 ❶选择相应文本；❷在编辑区的"样式编辑"选项卡中更改文本内容；❸设置相应字体，如图5-26所示。

图5-26 设置相应字体（4）

STEP 13 在编辑区的"样式编辑"选项卡中，❶设置"字号"为50；❷单击 按钮，如图5-27所示，即可使文本左对齐。

图5-27 单击相应按钮

第 5 章 >> 教育培训：利用数字人提升学生的学习参与度

STEP 14 在"基础调节"选项区中，设置 X 坐标为 –166，Y 坐标为 –81，"缩放"为 78%，如图 5-28 所示，即可调整文字位置与大小。

图 5-28 设置相应参数（4）

5.2.5 合成数字人视频效果

用户设置好数字人视频内容后，可以快速生成视频，具体操作方法如下。

STEP 01 在"数字人播报"功能页面的右上角单击"合成视频"按钮，如图 5-29 所示。

扫码看视频

图 5-29 单击"合成视频"按钮

103

STEP 02 执行操作后，弹出"合成设置"对话框，❶输入相应的名称；❷单击"确定"按钮，如图5-30所示。

STEP 03 弹出"功能消耗提示"对话框，单击"确定"按钮，如图5-31所示。

图 5-30　单击"确定"按钮　　　图 5-31　单击"确定"按钮

STEP 04 执行操作后，进入"我的资源"页面，显示该视频的合成进度，如图5-32所示。

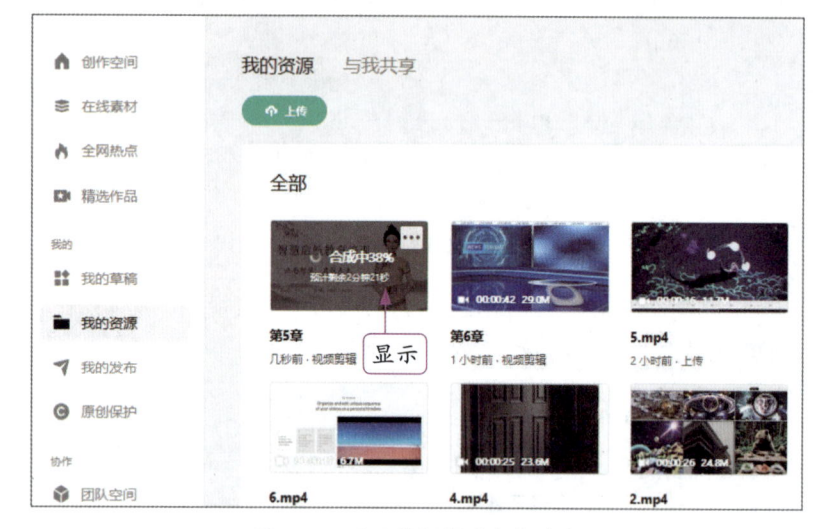

图 5-32　显示该视频的合成进度

STEP 05 合成视频后，单击"下载"按钮，如图5-33所示，即可保存数字人视频。

图 5-33　单击"下载"按钮

第 6 章

新闻播报：口播视频中的全新 AI 互动体验

章前知识导读 ▶▶▶▶▶▶▶

在口播视频领域中，AI 数字人不仅突破了传统播报方式，还为观众带来了全新的互动体验。本章将深入解析 AI 数字人在新闻播报领域的应用及新闻播报 AI 数字人视频的制作流程。

新手重点索引 ▶▶▶▶▶▶▶

- 利用 AI 数字人实现新闻播报的基础知识
- 新闻播报领域的 AI 数字人视频制作流程

效果图片欣赏 ▶▶▶▶▶▶▶

6.1 利用 AI 数字人实现新闻播报的基础知识

随着 AI 技术的进步，新闻播报中的 AI 数字人不仅显著提升了播报效率，还创造了全新的互动体验。本节将从基础知识入手，深入探讨 AI 数字人在新闻播报中的应用，以及制作新闻播报 AI 数字人视频的注意事项，为后续的制作流程打下坚实基础。

6.1.1 AI 数字人在新闻播报方面有哪些应用？

AI 数字人在新闻播报方面的应用非常广泛且影响深远，具体内容如下。

1. 多语言播报能力

AI 数字人精通多种语言，能针对不同地域的观众进行新闻播报，打破语言壁垒，拓宽新闻传播的边界。它们还能根据新闻内容灵活调整播报风格，使报道更加生动、个性化，提升观众的观看体验。

2. 高效制作与分发

AI 数字人技术可以加速新闻播报角色的创建，提升制作效率。在短视频和直播领域，AI 数字人主播引领潮流，提供稳定的直播效果，并结合 3D 场景营造新奇互动体验。同时，它们还能实现新闻内容的快速多平台分发，扩大新闻影响力。

3. 个性化新闻服务

AI 数字人通过分析用户数据，提供个性化的新闻定制服务，精准推送用户感兴趣的新闻内容，增强用户满意度和忠诚度。这种个性化服务不仅提升了新闻播报的互动性，还加深了用户的参与感和沉浸感。

4. 智能分析与优化

在新闻播报过程中，AI 数字人具备智能分析和评估能力，能实时监测新闻内容的热度、观众反应及传播效果，为新闻制作团队提供数据支持，助力团队优化内容，提高播报质量。

5. 跨时空播报创新

AI 数字人技术可以实现跨时空新闻播报，让历史人物"复活"，进行古今对话，为观众带来独特的新闻播报体验。这种创新不仅丰富了新闻播报的形式和内容，还为个人品牌打造提供了更多可能性。

综上所述，AI 数字人在新闻播报领域的应用前景广阔，优势显著，其不仅提升了新闻制作的效率和质量，还为观众带来了更加个性化、互动化和有趣的新闻播报体验。随着技术的不断发展，AI 数字人将在新闻播报领域发挥越来越重要的作用。

6.1.2 新闻播报领域的 AI 数字人制作有哪些注意事项？

新闻播报 AI 数字人的制作是一个技术与艺术创作深度融合的过程，旨在创造出逼真、专业且具备高度交互性的新闻播报角色。以下是制作新闻播报 AI 数字人时需要注意的关键事项。

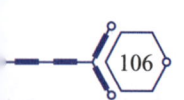

1. 需求分析与角色定位

在制作新闻播报 AI 数字人之前,需要先进行深入的需求分析与角色定位,以确保 AI 数字人能够精准地满足目标受众的期望和需求,具体内容如下。

(1)明确目标受众:深入了解目标受众的审美偏好、信息接收习惯及对新技术的接受程度,据此确定 AI 数字人的外观风格、性格特征及播报风格。

(2)功能需求细化:根据新闻播报的具体需求,明确 AI 数字人应具备的功能,包括但不限于多语言支持、实时互动、情感表达及个性化定制等。

2. 数据采集与模型构建

为了确保 AI 数字人模型的高逼真度和自然流畅的动作,我们必须进行高质量的数据采集,并在此基础上进行精细的模型构建,具体内容如下。

(1)高精度数据采集:利用先进的 3D 扫描技术和摄影技术,精确采集人体的外形、面部特征、动作姿态等高精度数据,为 AI 数字人建模提供坚实基础。

(2)模型精细构建:结合计算机图形学技术,构建出具有高度真实感的 3D AI 数字人模型,注重细节处理,如皮肤纹理、面部表情的细腻呈现,以及服装质感的真实模拟。

3. 纹理绘制与光影效果

为了进一步增强 AI 数字人的逼真度和视觉吸引力,我们必须注重纹理的细腻绘制及光影效果的精心优化,具体内容如下。

(1)细腻纹理绘制:利用专业的纹理绘制软件,为 AI 数字人的皮肤、头发、衣物等添加细腻、逼真的纹理效果,提升视觉真实感。

(2)光影效果优化:通过光影效果的模拟和渲染,使 AI 数字人在不同光照条件下都能呈现出自然、立体的视觉效果,增强沉浸感。

4. 骨骼绑定与动画制作

为了打造出生动、逼真的 AI 数字人形象,我们需要在骨骼绑定与动画制作上投入极大的精力和创意。通过精细的骨骼系统搭建和动画制作技术,可以让 AI 数字人的每一个动作和表情都充满活力和情感,具体内容如下。

(1)骨骼系统搭建:为 AI 数字人搭建复杂的骨骼系统,实现关节的灵活运动和自然的动作姿态,确保动作流畅且符合人体工学。

(2)动画制作技术:利用专业的动画制作软件,为 AI 数字人添加丰富的表情和动作,注重细节处理和情感传递,使 AI 数字人的动作和表情更加自然、生动。

5. 语音合成与交互设计

为了塑造一个声音悦耳、交互顺畅的 AI 数字人形象,我们需要精心挑选并应用语音合成技术,不断优化交互设计,具体内容如下。

(1)语音合成技术:选择先进的语音合成技术,确保 AI 数字人的语音自然流畅、发音准确,同时符合其性格特征和播报风格,以提升播报质量。

（2）交互设计优化：设计多模态交互方式，如语音、文字、手势等，使用户能够与 AI 数字人进行灵活、自然的互动。同时，利用自然语言处理技术和情感识别算法，来提升 AI 数字人的理解和回应能力，以增强用户体验。

6. 数据质量与隐私保护

在新闻播报 AI 数字人的开发与运营过程中，数据质量与隐私保护是两个不可忽视的方面，具体内容如下。

（1）数据准确性保障：确保用于训练和学习的数据具有高度的准确性和代表性，以提高 AI 数字人的播报质量和交互性能。

（2）隐私保护合规：严格遵守相关法律法规和隐私保护政策，确保用户数据的安全和隐私，得到用户信任。

7. 用户体验与多语言支持

为了提升新闻播报 AI 数字人的全球影响力和用户满意度，需要在用户体验和多语言支持上做出努力，具体内容如下。

（1）用户体验优化：注重界面的友好性和操作的便捷性，提供流畅的用户体验。同时，根据用户反馈进行持续优化和改进，提升用户满意度。

（2）多语言支持：支持多种语言播报，满足不同国家和地区用户的需求。同时，注重语言的准确性和地道性，提升国际传播能力。

8. 安全性与可扩展性

为了确保 AI 数字人系统的稳定运行和未来发展，我们加强了安全保障措施，并设计了可扩展的系统架构，具体内容如下。

（1）安全保障措施：加强 AI 数字人的安全防护能力，防止恶意攻击和数据泄露等安全问题，确保系统稳定运行。

（2）可扩展设计：考虑未来技术发展和应用场景的拓展需求，设计具有可扩展的 AI 数字人系统架构和接口，为未来发展预留空间。

9. 透明度与个性化设计

为了增强用户对新闻播报 AI 数字人的信任感和满意度，我们需要提升决策过程的透明度和提供个性化定制服务，具体内容如下。

（1）决策过程透明：确保数字人的决策过程透明可解释，增强用户对 AI 数字人的信任感，提升用户接受度。

（2）个性化定制：根据用户需求进行个性化定制设计，如外观、性格、播报风格等，使 AI 数字人更加符合用户的喜好和需求，提升用户黏性。

10. 持续优化与技术创新

在新闻播报 AI 数字人的不断演进中，持续优化和技术创新是推动其发展的关键动力。

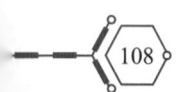

第 6 章 》 新闻播报：口播视频中的全新 AI 互动体验

（1）持续优化：根据用户反馈和技术发展，不断优化 AI 数字人的功能和服务质量，提升用户体验和满意度。

（2）技术创新：积极关注技术创新和行业动态，将新技术应用于 AI 数字人的制作和优化中，不断提升 AI 数字人的技术水平和竞争力，引领行业发展。

综上所述，新闻播报 AI 数字人的制作需要综合考虑多个因素，从需求分析到持续优化与技术创新等各个环节都需要精心策划和实施，只有这样，才能制作出逼真、专业且具备高度交互性的新闻播报 AI 数字人。

6.2 新闻播报领域的 AI 数字人视频制作流程

在了解 AI 数字人在新闻播报中的应用及制作注意事项后，本节将从效果欣赏到每个制作步骤的详细操作进一步解析新闻播报 AI 数字人视频的具体制作流程，以帮助用户制作出更智能、互动性更强的口播视频。

6.2.1 效果欣赏

在正式介绍新闻播报 AI 数字人视频的制作流程之前，我们先暂停脚步，通过一段引人入胜的视频，共同领略 AI 数字人在新闻播报领域的卓越风采。这段精心准备的视频，将全方位展示 AI 数字人如何凭借其流畅自然的语言表达、栩栩如生的形象塑造及细腻生动的表情管理，为我们呈现一场前所未有的视听盛宴。它不仅彰显了技术的力量，更让我们对新闻播报的未来充满了无限遐想与期待。效果展示如图 6-1 所示。

图 6-1 效果展示

6.2.2 选定并添加数字人模板

我们根据新闻播报的风格和主题，从腾讯智影平台的模板库中选定一个合适的数字人模板，并将其添加到项目中，具体操作方法如下。

扫码看视频

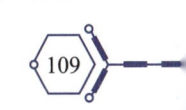

STEP 01 在腾讯智影的"创作空间"页面中单击"视频剪辑"按钮，如图6-2所示。

图6-2 单击"视频剪辑"按钮

STEP 02 进入视频剪辑页面，❶单击"模板库"按钮，展开"模板"面板；❷在"新闻"选项卡中单击相应模板右上角的"添加到轨道"按钮➕，如图6-3所示，即可添加一个数字人视频模板，并进入数字人编辑页面。

图6-3 单击"添加到轨道"按钮

6.2.3 视频剪辑与更换形象

在进行视频剪辑的过程中，除了对视频素材进行精细的修剪和处理外，更换视频中的数字人形象也是提升作品质量和吸引力的关键步骤之一，具体操作方法如下。

扫码看视频

第 6 章 » 新闻播报：口播视频中的全新 AI 互动体验

STEP 01 ❶在轨道中选择需要删除的多余视频素材；❷单击"删除"按钮 🗑，如图 6-4 所示，即可将其删除。

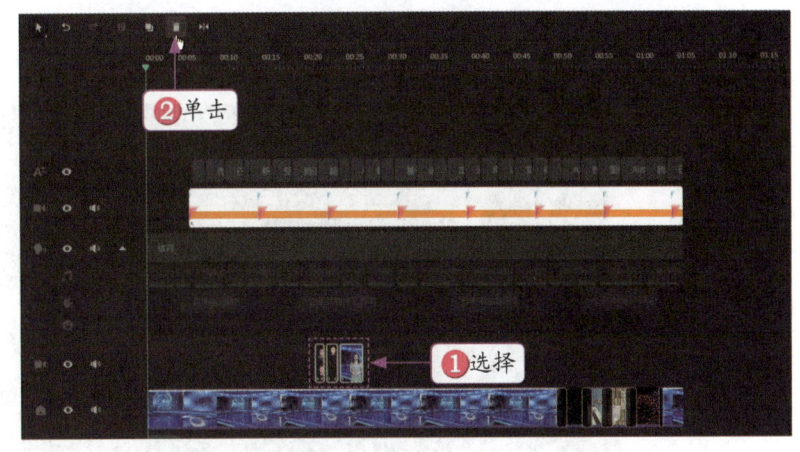

图 6-4 单击"删除"按钮（1）

STEP 02 使用与上同样的方法，❶选择多余的视频素材；❷单击"删除"按钮 🗑，如图 6-5 所示，即可删除。

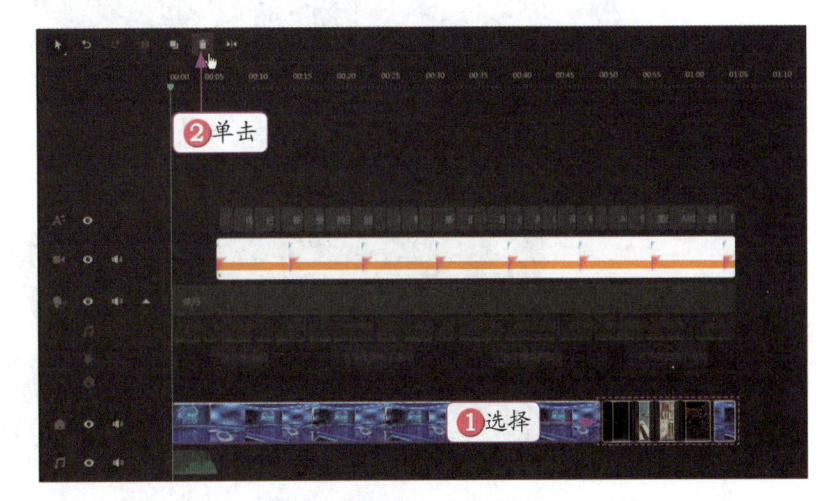

图 6-5 单击"删除"按钮（2）

STEP 03 在轨道中选择配音音频，在"配音"选项卡中单击"选择形象"按钮，如图 6-6 所示。

图 6-6 单击"选择形象"按钮

111

STEP 04 弹出"选择数字人"面板，❶在"免费"选项卡中，选择一个合适的数字人形象；❷单击"确认"按钮，如图 6-7 所示，即可更换数字人形象。

图 6-7 单击"确认"按钮

STEP 05 弹出"切换形象"对话框，单击"确定"按钮，如图 6-8 所示，即可更改数字人。

图 6-8 单击"确定"按钮

STEP 06 在预览窗口中选中数字人并调整数字人的大小和位置，如图 6-9 所示。

图 6-9 调整数字人的大小和位置

6.2.4 文本配音与停顿调整

在进行数字人视频创作时，文本配音与停顿调整是至关重要的环节。它们不仅能够影响视频的听觉体验，还能进一步丰富视频的情感表达和节奏感，具体操作方法如下。

STEP 01 在"配音"选项卡中单击文案内容，弹出"数字人文本配音"面板，在编辑区中清空模板中的文字内容，单击"导入"按钮，如图 6-10 所示。

图 6-10 单击"导入"按钮

STEP 02 弹出"打开"对话框，❶选择相应文本文件；❷单击"打开"按钮，如图 6-11 所示，即可将其导入"数字人文本配音"面板中。

图 6-11 单击"打开"按钮

STEP 03 在"数字人文本配音"面板中,单击"选择音色"按钮,如图6-12所示。

图6-12 单击"选择音色"按钮

STEP 04 弹出"选择音色"面板,❶在"新闻资讯"选项卡中选择"文静"音色;❷单击"确认"按钮,如图6-13所示,即可修改数字人的音色。

图6-13 单击"确认"按钮

STEP 05 ❶将光标定位到文本中的相应位置;❷单击"插入停顿"按钮,如图6-14所示。

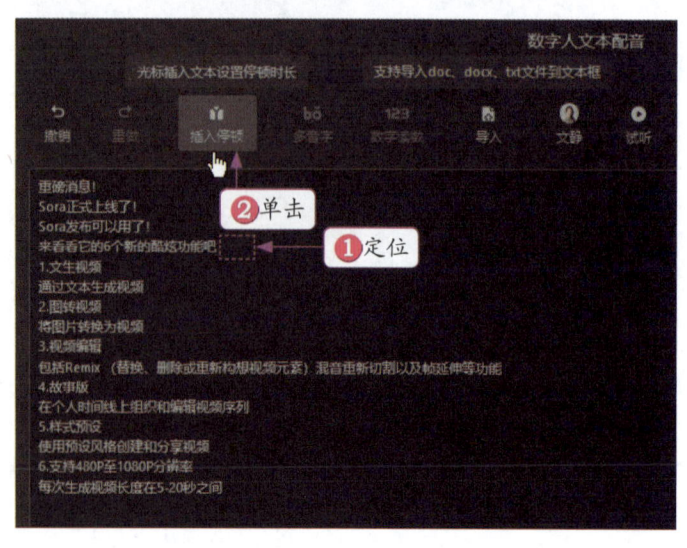

图6-14 单击"插入停顿"按钮

STEP 06) 弹出列表框，选择"停顿0.5秒"选项，如图6-15所示，即可在相应的文字位置处插入一个停顿标记，当数字人播报到这里时会停顿0.5秒再往下读。

STEP 07) 使用与上同样的方法，在其他位置添加"停顿0.5秒"的停顿标记，如图6-16所示。

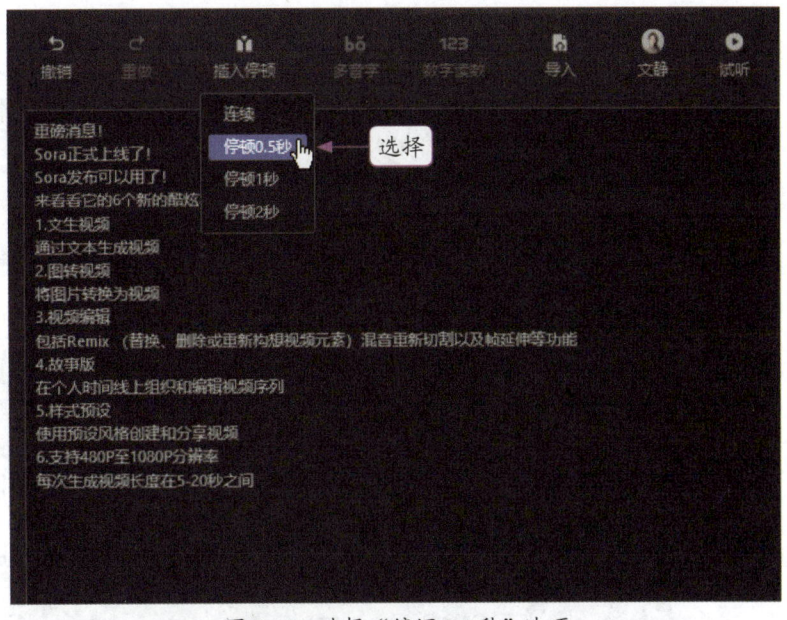

图 6-15　选择"停顿 0.5 秒"选项

STEP 08) 单击"保存并生成音频"按钮，如图6-17所示，即可根据文字内容生成相应的语音播报，同时数字人的时长也会根据文本配音的时长而改变。

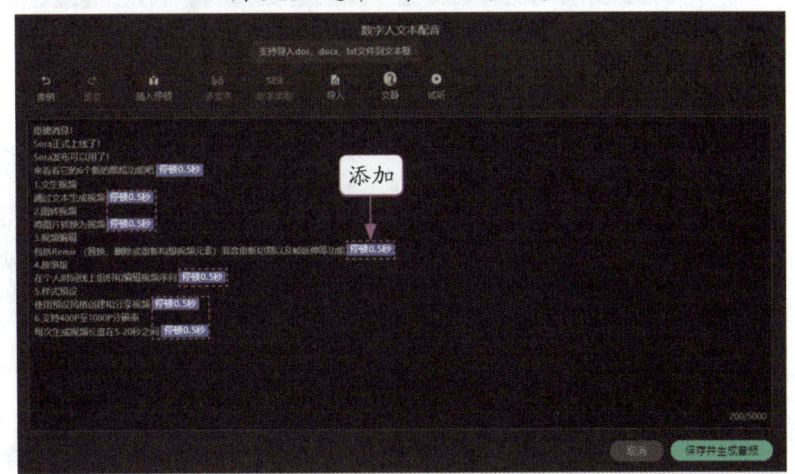

图 6-16　添加"停顿 0.5 秒"的停顿标记

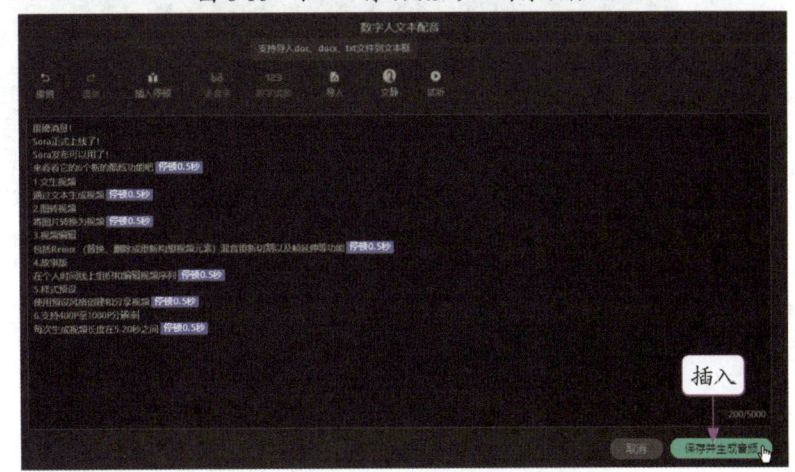

图 6-17　单击"保存并生成音频"按钮

STEP 09 在轨道中，选择背景素材，并将背景素材的时长调整成与数字人的时长一致，如图6-18所示。

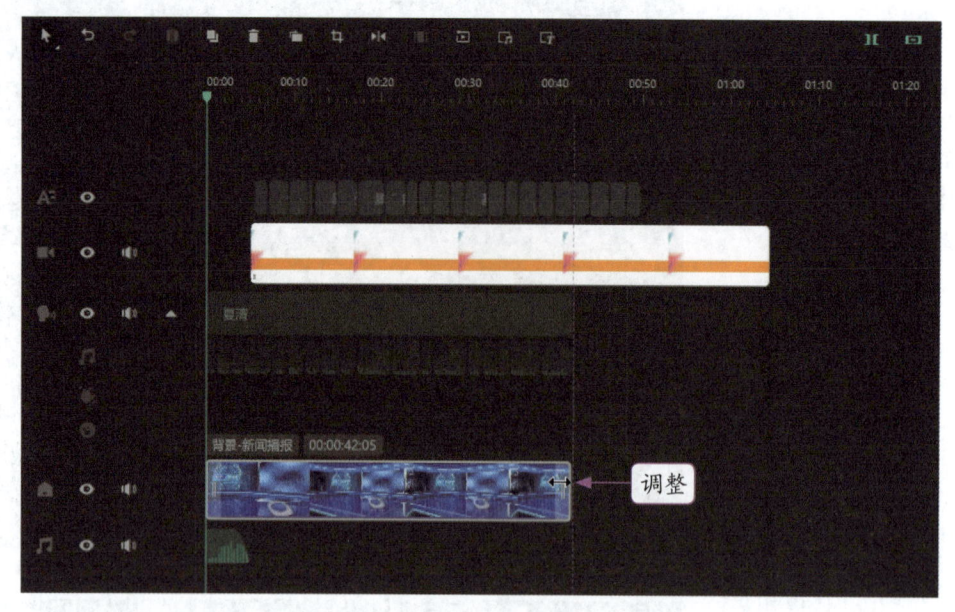

图6-18 调整背景素材的时长（1）

STEP 10 使用与上同样的方法，将其余的背景素材的时长调整成与数字人的时长一致，如图6-19所示。

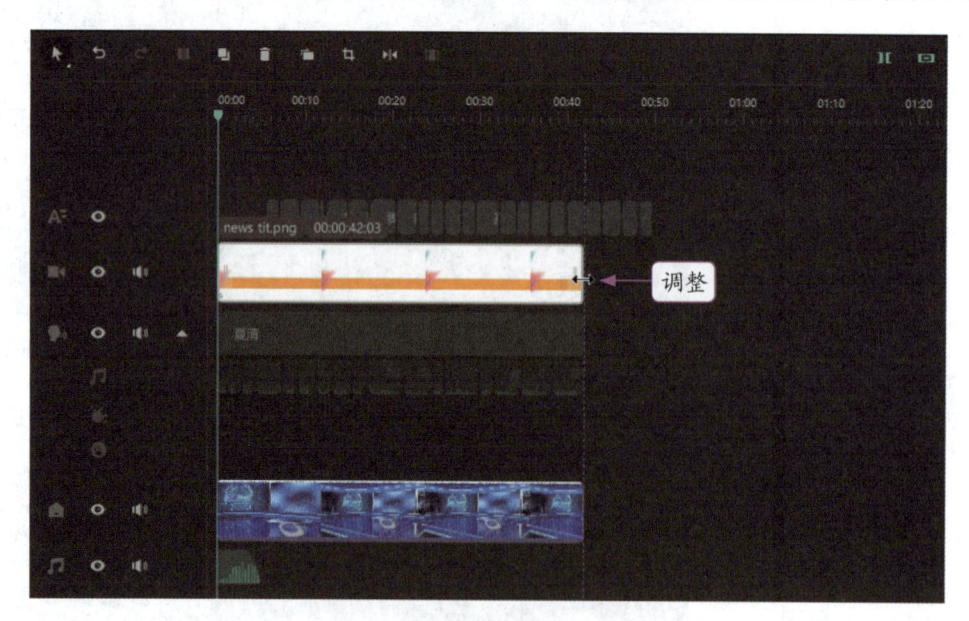

图6-19 调整背景素材的时长（2）

6.2.5 精确修改播报文字

根据新闻稿的内容，精确修改 AI 数字人所要播报的文字，确保信息的准确无误和实时性，具体操作方法如下。

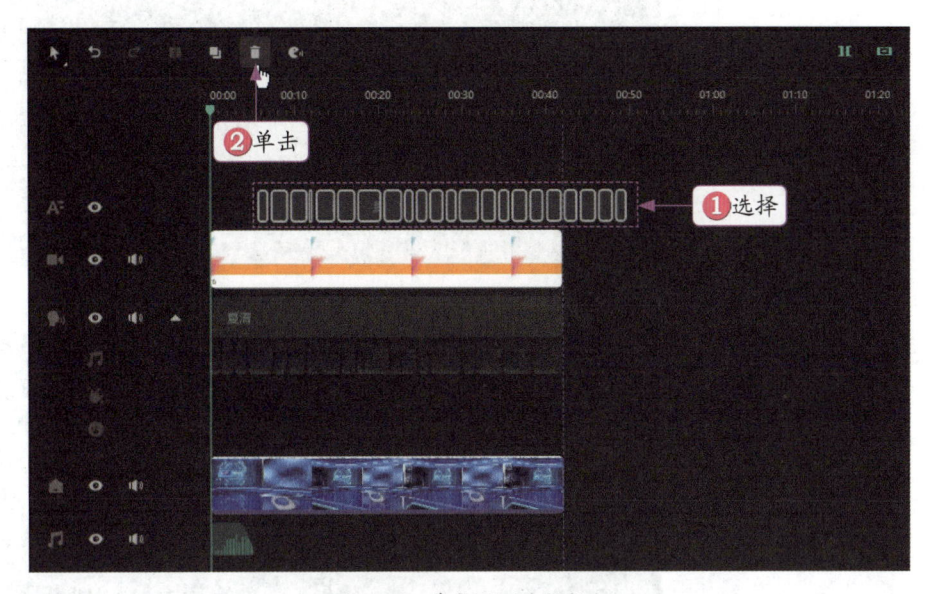

STEP 01 ❶在轨道上选择需要删除的文本；❷单击"删除"按钮，如图 6-20 所示，即可删除文本内容。

图 6-20 单击"删除"按钮

STEP 02 在轨道上选择 AI 数字人配音音频，在"配音"选项卡中单击"提取字幕"按钮，如图 6-21 所示，即可生成字幕。

图 6-21 单击"提取字幕"按钮

STEP 03 在轨道上选择第 1 个文本，切换至"编辑"选项卡，如图 6-22 所示。

图 6-22 切换至"编辑"选项卡

STEP 04 ❶修改文字字体；❷单击"加粗"按钮 B，如图 6-23 所示，即可加粗文字。

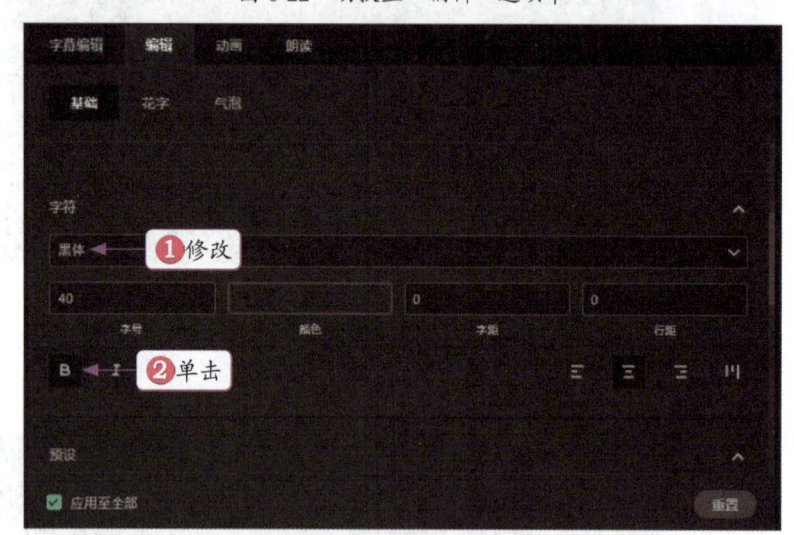

图 6-23 单击"加粗"按钮

STEP 05 在"编辑"|"基础"选项卡的"预设"选项区中，选择合适的预设样式，如图 6-24 所示。

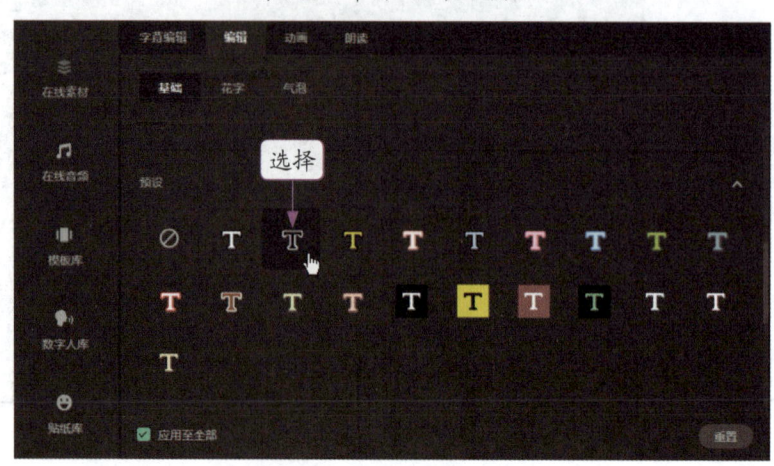

图 6-24 选择合适的预设样式

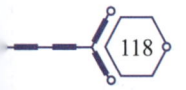

118

第 6 章 >> 新闻播报：口播视频中的全新 AI 互动体验

STEP 06 在"位置与变化"选项区中，❶设置"缩放"参数为 119%；❷设置 X 坐标为 –2.98，Y 坐标为 246，如图 6-25 所示，即可调整文字的位置与大小。

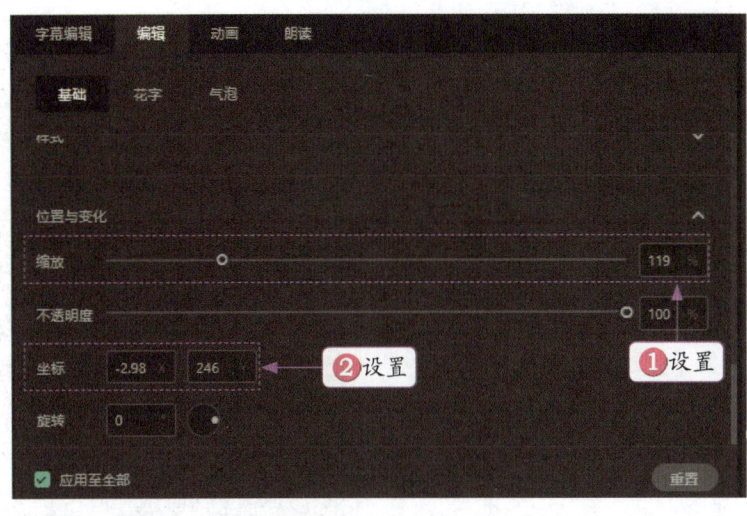

图 6-25 设置相应参数

STEP 07 ❶切换至"动画"|"进场"选项卡；❷选择"打字机 1"选项，如图 6-26 所示，即可添加第 1 个文本动画效果。

图 6-26 选择"打字机 1"选项

STEP 08 ❶选择第 4 个文本；❷拖曳时间轴至合适位置；❸单击"分割"按钮，如图 6-27 所示，即可将其分割为两段。

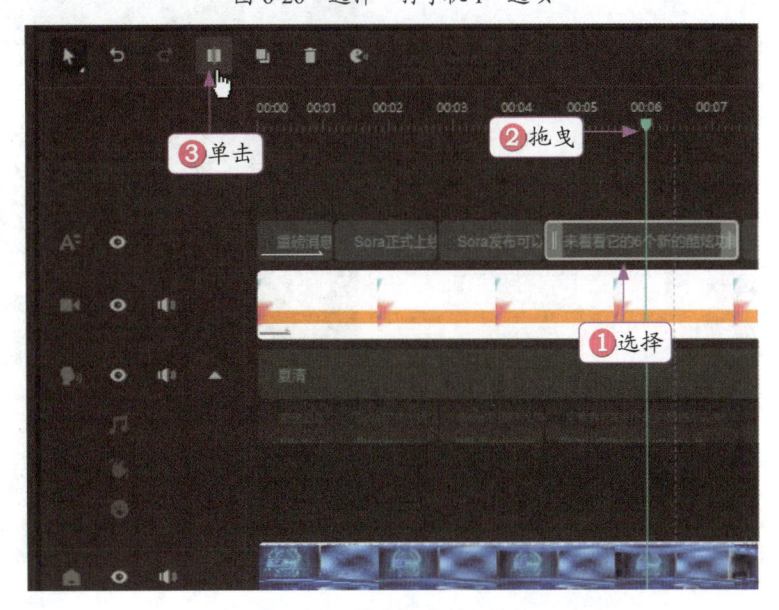

图 6-27 单击"分割"按钮

119

STEP 09 选择第4个文本,在"字幕编辑"选项卡中选择多余的文字,如图6-28所示,按Delete键,即可删除多余的文字。

图 6-28 选择多余的文字(1)

STEP 10 使用与上同样的方法,选择第5个文本,在"字幕编辑"选项卡中选择多余的文字,如图6-29所示,按Delete键将文字删除。

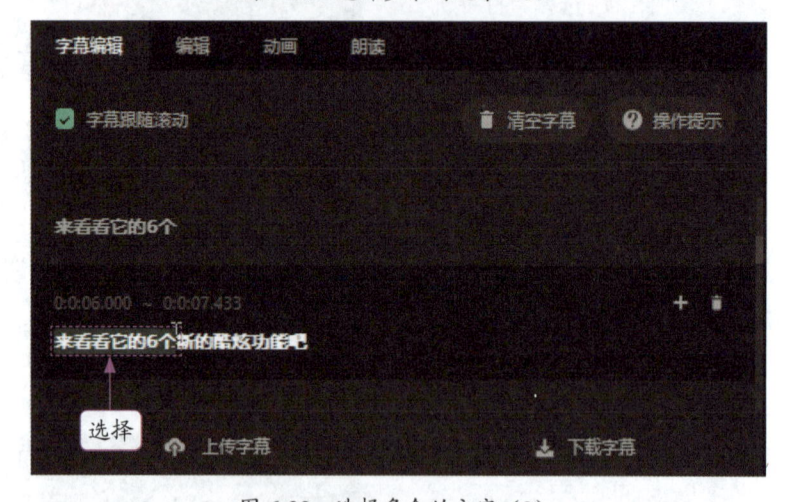

图 6-29 选择多余的文字(2)

STEP 11 使用与上同样的方法,适当调整文本内容并进行分割删除,❶切换至"动画"|"进场"选项卡;❷选择"打字机1"选项;❸单击"应用至全部"按钮,如图6-30所示,即可为所有文本添加动画效果。

图 6-30 单击"应用至全部"按钮

6.2.6 添加相关视频素材

为了丰富视频内容，可以添加与新闻相关的视频素材，如现场画面、图表、动画等，以丰富新闻的可视化效果，具体操作方法如下。

STEP 01 ❶展开"我的资源"面板；❷单击"本地上传"按钮，如图6-31所示。

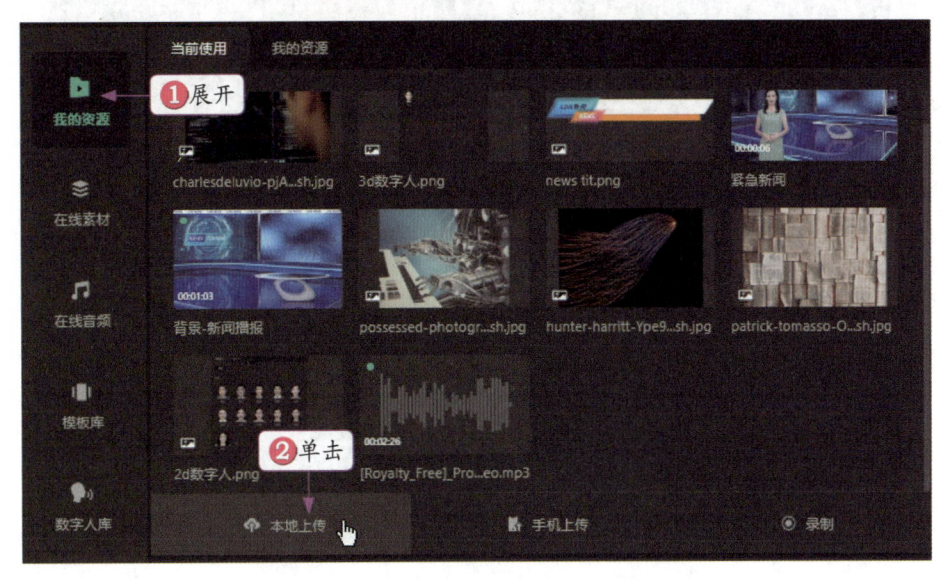

图 6-31 单击"本地上传"按钮

STEP 02 弹出"打开"对话框，❶选择相应素材；❷单击"打开"按钮，如图6-32所示，即可添加素材至相应面板。

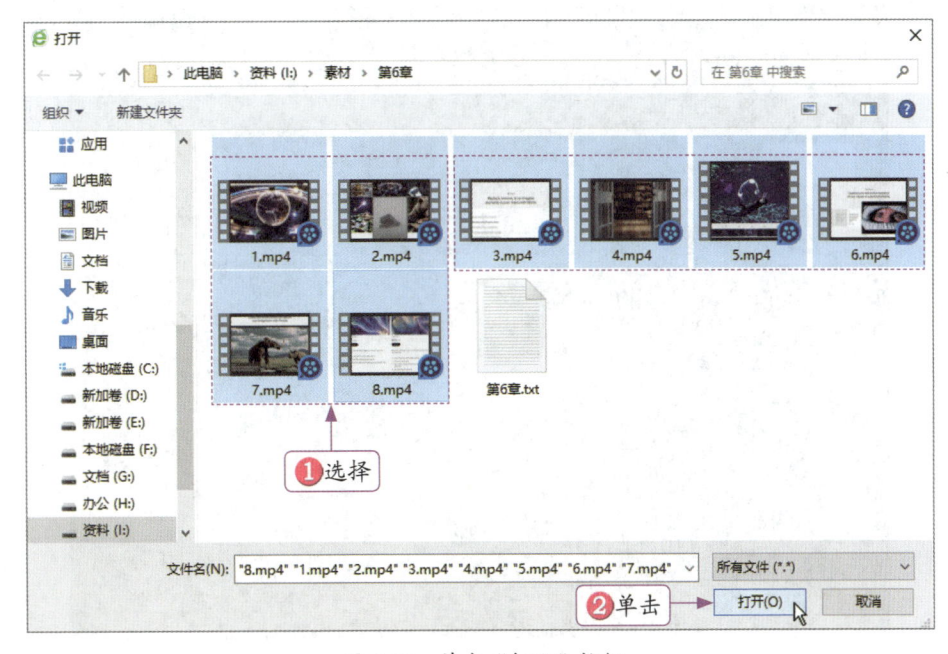

图 6-32 单击"打开"按钮

STEP 03 ❶拖曳时间轴至相应位置；❷在"我的资源"面板中，选择第1段素材并拖曳至相应位置，如图6-33所示。

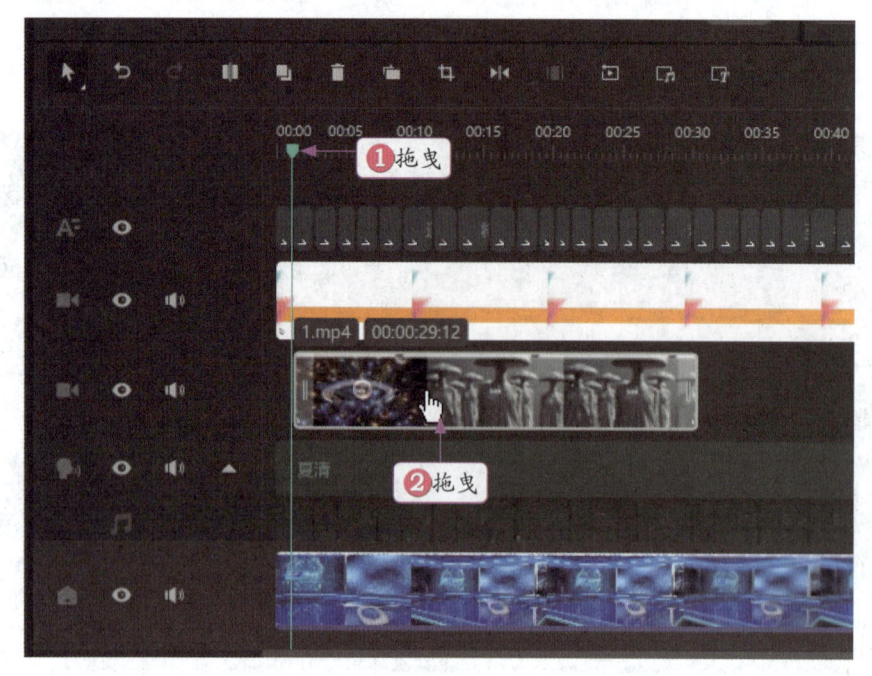

图6-33 拖曳素材至相应位置

STEP 04 选择素材，❶切换至"编辑"|"基础"选项卡；❷在"位置与变化"选项区中，设置"缩放"参数为36%，X坐标为–282，Y坐标为56，如图6-34所示，即可调整素材的位置与大小。

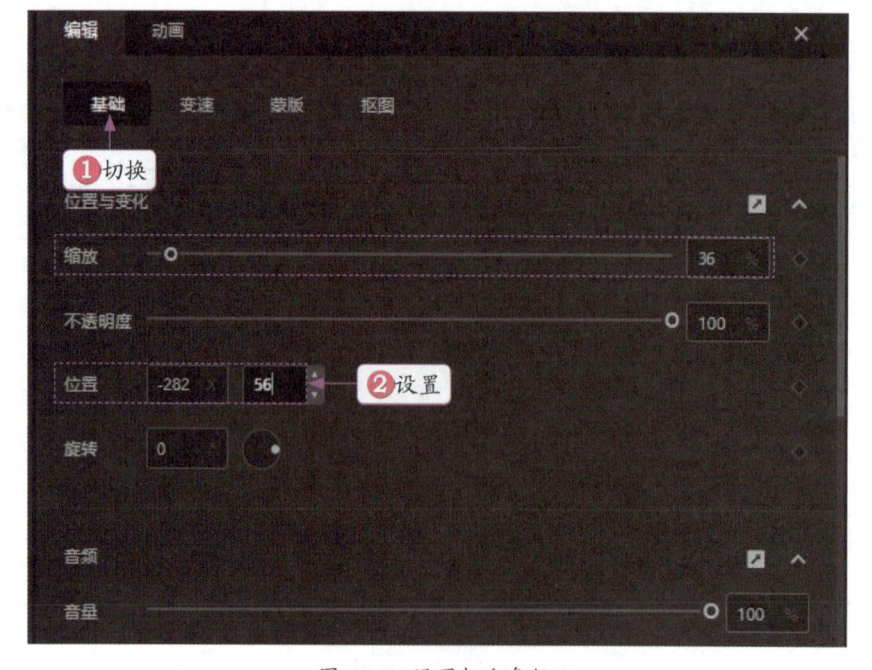

图6-34 设置相应参数

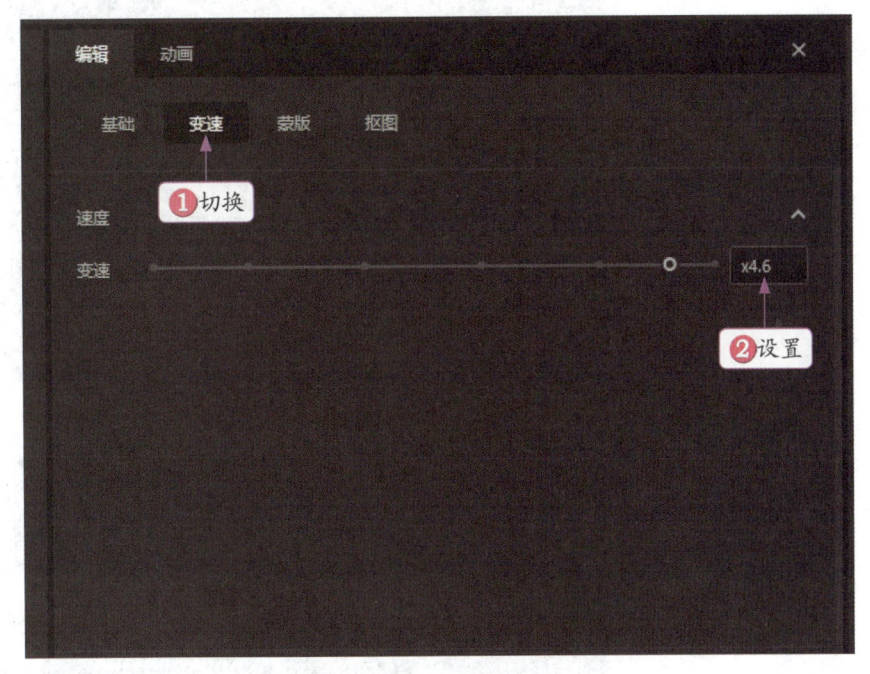

STEP 05 ❶切换至"编辑"|"变速"选项卡；❷设置"变速"参数为x4.6，如图6-35所示，即可调整视频的时长。

图6-35 设置"变速"参数

STEP 06 ❶切换至"动画"|"进场"选项卡；❷选择"向上滑动"选项，如图6-36所示，让视频从下向上滑入，增添动态效果。

图6-36 选择"向上滑动"选项

STEP 07 ❶切换至"动画"|"出场"选项卡；❷选择"向上滑出"选项，如图6-37所示，让视频从下往上平滑消失。

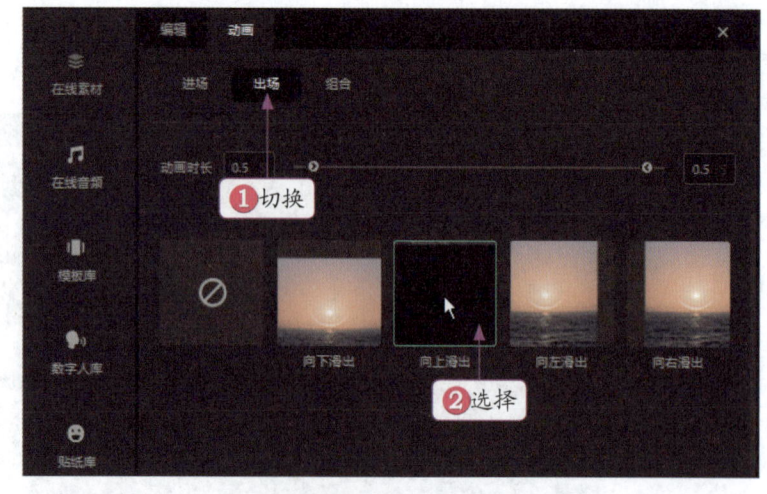

图6-37 选择"向上滑出"选项

STEP 08 使用与上同样的方法，添加剩下的素材，设置"缩放""位置""变速"参数，并添加了入场和出场动画，效果如图6-38所示。

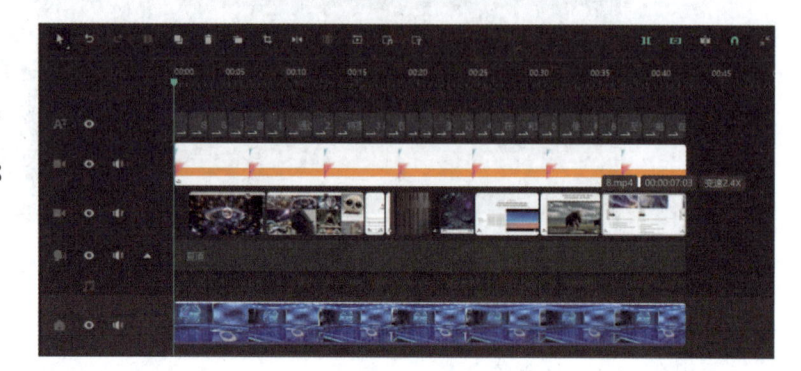

图6-38 添加了入场和出场动画效果

6.2.7 精心选择并添加背景音乐

根据新闻播报的节奏和氛围，我们精心选择一首合适的背景音乐，并将其添加到视频中，以提升整体的观看体验，具体操作方法如下。

STEP 01 展开"在线音频"面板，在"纯音乐"选项卡中，选择一首合适的纯音乐，单击"添加到轨道"按钮 ➕，如图6-39所示。

图6-39 单击"添加到轨道"按钮

STEP 02 执行操作后,即可将所选音乐添加到轨道中,选择音乐素材,❶切换至"基础"选项卡;❷设置"音量大小"参数为2;❸设置"淡入时间"参数为6.0s,如图6-40所示,降低背景音乐的整体音量,使其不会干扰AI数字人的播报音频。

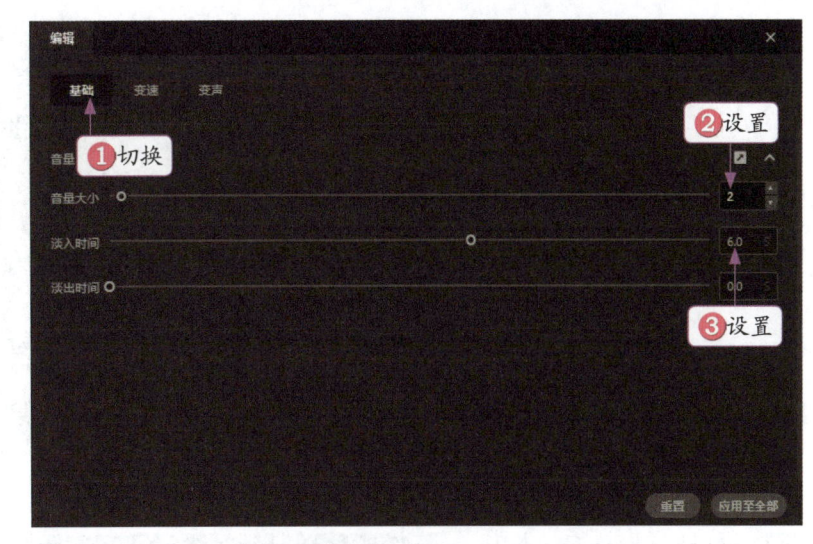

图 6-40 设置"淡入时间"参数

STEP 03 ❶拖曳时间轴至视频素材的末端;❷选择背景音乐素材;❸单击"分割"按钮,如图6-41所示,即可分割背景音乐素材。

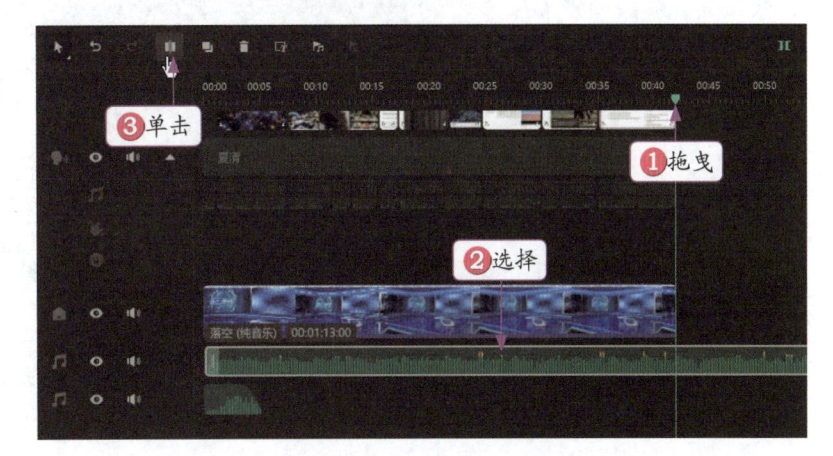

图 6-41 单击"分割"按钮

STEP 04 ❶选择后半段背景音乐素材;❷单击"删除"按钮,如图6-42所示,将多余的背景音乐素材删除,让其时长与视频素材的时长一致。

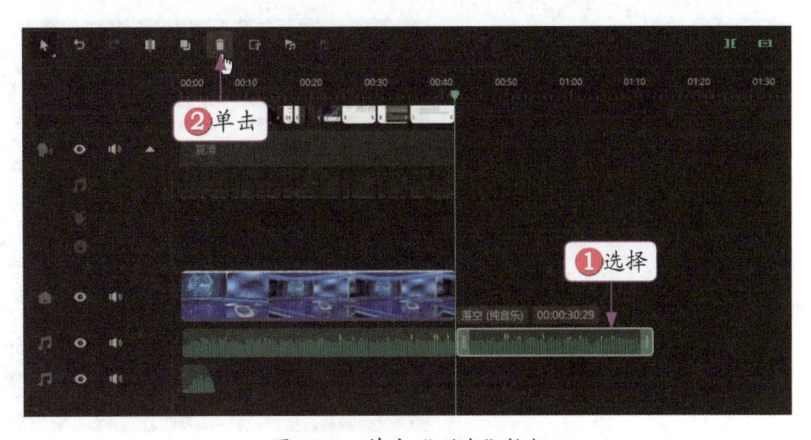

图 6-42 单击"删除"按钮

STEP 05 选择第 2 段音频，在"基础"选项卡中，设置"音量大小"参数为 8，如图 6-43 所示，即可降低音量。

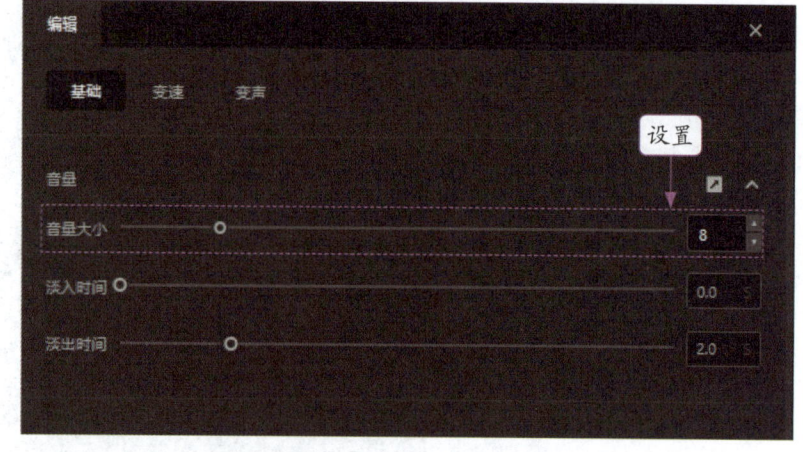

图 6-43 设置"音量大小"参数

STEP 06 执行操作后，完成 AI 数字人视频的编辑工作，单击"合成"按钮，如图 6-44 所示。

图 6-44 单击"合成"按钮（1）

STEP 07 弹出"合成设置"对话框，❶设置相应的名称；❷单击"合成"按钮，如图 6-45 所示，即可获得完整的视频效果。

图 6-45 单击"合成"按钮（2）

直播带货篇

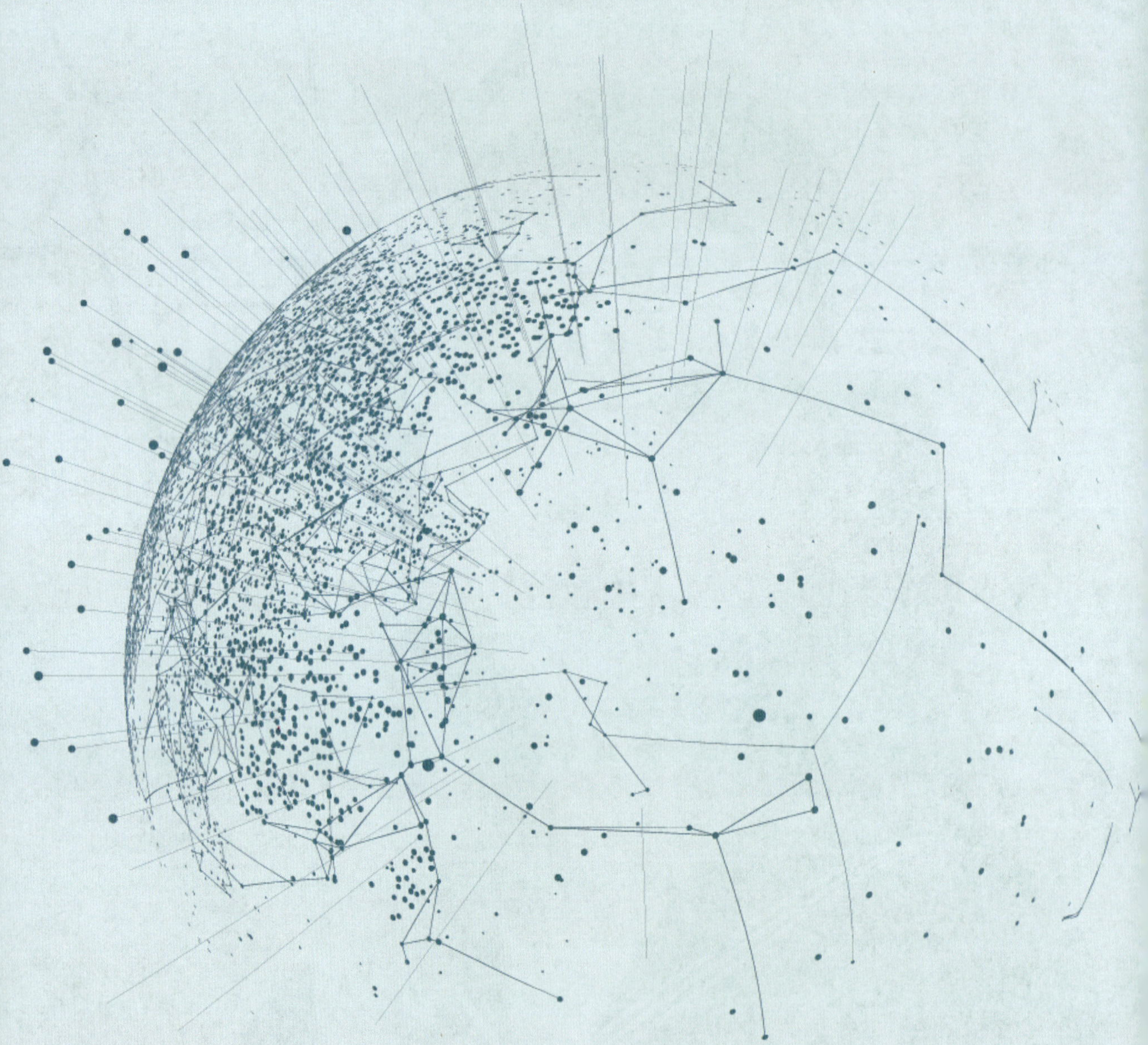

第 7 章

美食推荐：数字人引领餐饮视频营销新时代

章前知识导读 ▶▶▶▶▶▶▶

　　在直播带货中，AI 数字人已成为餐饮营销的关键推动力。从个性化推荐到精准互动，AI 数字人不仅提升了观众体验，还显著增强了品牌影响力。本章将深入探讨如何将 AI 数字人应用于美食推荐视频，并详细解析制作过程中的关键步骤。

新手重点索引 ▶▶▶▶▶▶▶

- 利用 AI 数字人实现美食推荐的基础知识
- 美食推荐领域的 AI 数字人视频制作流程

效果图片欣赏 ▶▶▶▶▶▶▶

AI 数字人全面应用 形象制作＋口播视频＋直播带货＋客服沟通

7.1 利用 AI 数字人实现美食推荐的基础知识

随着科技的飞速发展，AI 数字人在美食推荐领域的应用日益广泛，它们不仅为观众带来了全新的视觉体验，还极大地提升了美食推荐的效率和效果。那么，AI 数字人在美食推荐方面具体有哪些应用呢？在制作过程中又需要注意哪些事项呢？让我们一一揭晓。

7.1.1 AI 数字人在美食推荐方面有哪些应用？

在餐饮行业，AI 数字人正逐步成为直播带货和视频营销的重要推手，尤其是在美食推荐领域展现出巨大潜力。通过 AI 数字人，餐厅、品牌或个人能够以更加生动、直观的方式展示食品特色、烹饪过程及用餐体验，从而吸引消费者的注意力，激发消费者购买欲望。

1. 直播带货的美食展示

AI 数字人能够担任推荐美食的"虚拟主播"，通过生动的语言描述、丰富的表情动作和肢体语言，为观众呈现餐品的外观、口感及独特卖点。AI 数字人的实时互动功能让用户能在观看直播的同时提问，获取更多产品信息，这增强了互动性和购买意愿。

2. 个性化菜单推荐

利用 AI 技术，餐厅可以根据顾客的口味偏好、饮食习惯等个性化信息，定制专属的菜品推荐视频。AI 数字人能够智能匹配顾客需求，提供精准的美食建议，提升顾客满意度和忠诚度。

3. 烹饪教程与美食制作

AI 数字人不仅能展示成品美食，还能详细演示烹饪的过程，带领用户一步步了解菜肴的制作技巧。其细腻的表现力和流畅的演示，让用户更加直观地感受食物的美味与制作过程的乐趣。

4. 食品故事与文化传播

在餐饮品牌营销中，AI 数字人能够讲述食品背后的文化故事，将每道菜肴转化为文化与情感的载体。通过故事化的叙述方式，AI 数字人能有效打动消费者，提升品牌价值和认知度。

这些应用不仅提升了美食推荐的精准度和效果，还加强了品牌与用户之间的连接，成为餐饮行业直播带货和视频营销中不可或缺的重要工具。

7.1.2 美食推荐领域的 AI 数字人制作有哪些注意事项？

AI 数字人虽然具备强大的表现力和灵活性，但在制作美食推荐 AI 数字人时，要确保效果达到预期，还需要注意以下几个方面。

1. 准确呈现食物特征

无论是色、香、味的展现，还是菜品细节的描绘，AI 数字人的表现要尽量与真实食物相符。例如，食物的颜色要鲜明，质感要自然，同时，AI 数字人在讲解食物时应保持适当的节奏，让用户有足够的时间去欣赏每一款菜肴的独特之处。

2. 动作与表情的自然性

AI 数字人的动作、表情和语气要尽量贴近真人，以避免给用户带来"机器人感"。在讲解过程中，AI 数字人应有流畅的肢体语言和恰到好处的面部表情，以增强视频的亲和力和吸引力。

3. 细致的文案设计

视频中的文案需要与美食特色紧密结合。每道菜肴的描述要简洁有力，突出其亮点。避免冗长的文字，而应将重点放在食物的味道、口感及背景故事上，使观众能通过文字快速抓住重点并产生兴趣。

4. 精准的目标定位

制作美食推荐 AI 数字人视频时，要明确目标观众群体，并根据目标受众的年龄、口味偏好、地域差异等因素，调整 AI 数字人的表现方式，确保视频内容能够引起目标观众的共鸣。

5. 互动环节的设计

在直播带货时，AI 数字人的互动环节设计至关重要。要设置一些互动问题，引导用户与 AI 数字人进行互动，增强用户参与感。这些互动问题可以是关于菜肴的偏好、对食材的疑问等，让用户觉得与 AI 数字人之间有更多的连接。

通过精心的制作和细致的策划，AI 数字人在美食推荐视频中的表现可以达到理想的效果，帮助品牌提升餐品销量并吸引更多顾客。

7.2 美食推荐领域的 AI 数字人视频制作流程

在直播带货中，数字人通过增强互动性和个性化推荐，显著提升了餐饮品牌的吸引力与影响力。本节将详细介绍美食推荐 AI 数字人视频的制作流程，重点探讨如何通过 AI 数字人优化视频效果，提升观众参与感和品牌传播效果。

7.2.1 效果欣赏

在踏入美食推荐 AI 数字人视频的具体制作流程之前，我们先一同欣赏已有的精彩成果作品。效果展示如图 7-1 所示。

图 7-1　效果展示

7.2.2　挑选并应用视频模板

　　在视频创作的起始阶段，一个既吸引眼球又与主题契合的模板能为作品构筑一个坚实的起点。下面将详细介绍如何在蝉镜平台内挑选并应用视频模板，为视频作品增添一抹专业光彩与独特魅力，具体操作方法如下。

扫码看视频

第 7 章 》美食推荐：数字人引领餐饮视频营销新时代

STEP 01 在"我的素材"页面中单击"创建视频"按钮，如图 7-2 所示。

图 7-2 单击"创建视频"按钮

STEP 02 弹出"创建视频"对话框，单击"立即创建"按钮，如图 7-3 所示，即可进入视频创作页面。

图 7-3 单击"立即创建"按钮

STEP 03 ❶展开"模板"面板；❷单击下拉按钮，如图 7-4 所示。

图 7-4 单击下拉按钮

133

STEP 04 展开列表，单击"卖货营销"按钮，如图7-5所示，切换至"卖货营销"选项卡。

图7-5　单击"卖货营销"按钮

STEP 05 选择相应的模板，如图7-6所示。

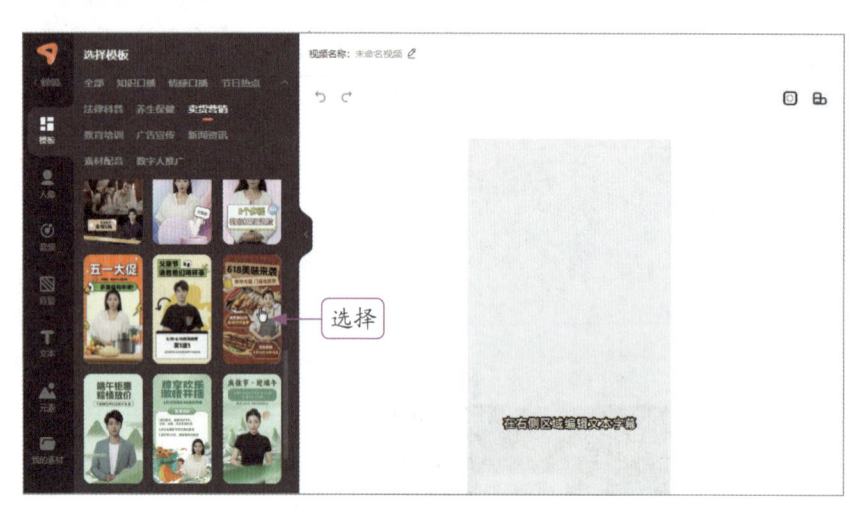

图7-6　选择相应模板

STEP 06 弹出"确认切换模板吗？"对话框，单击"确定"按钮，如图7-7所示。

图7-7　单击"确定"按钮

第 7 章 » 美食推荐：数字人引领餐饮视频营销新时代

STEP 07 执行操作后，即可替换模板，如图 7-8 所示。

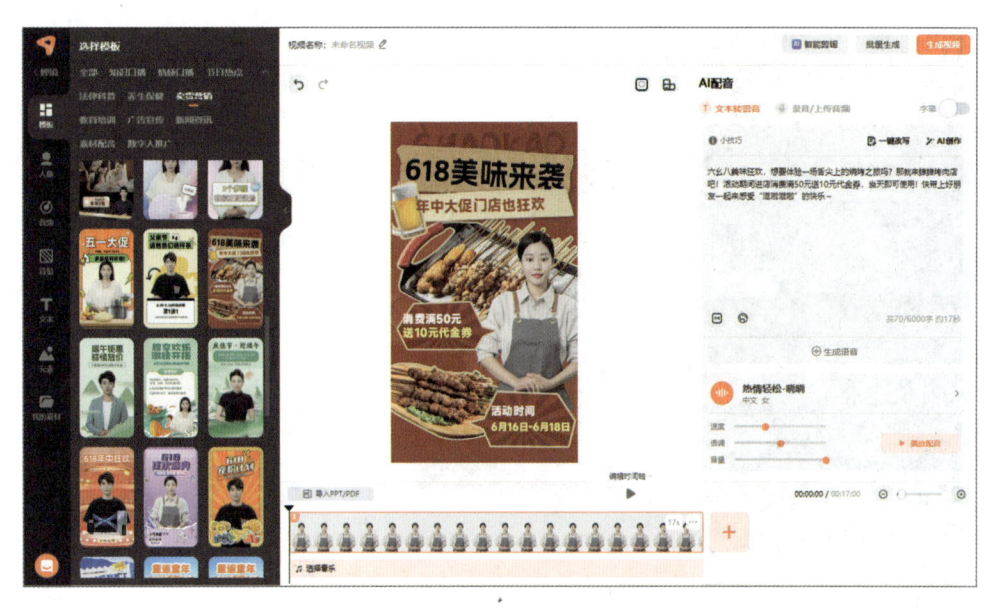

图 7-8 替换模板

7.2.3 选择并调整数字人像

在视频创作的精彩流程里，角色选择的重要性不言而喻。它不仅对视频的整体风格有着深远影响，还直接关系到观众的观看体验，具体操作方法如下。

扫码看视频

STEP 01 ❶在预览窗口中选择数字人；❷单击"人像"按钮，如图 7-9 所示。

图 7-9 单击"人像"按钮

135

STEP 02 选择相应的数字人形象，如图 7-10 所示。

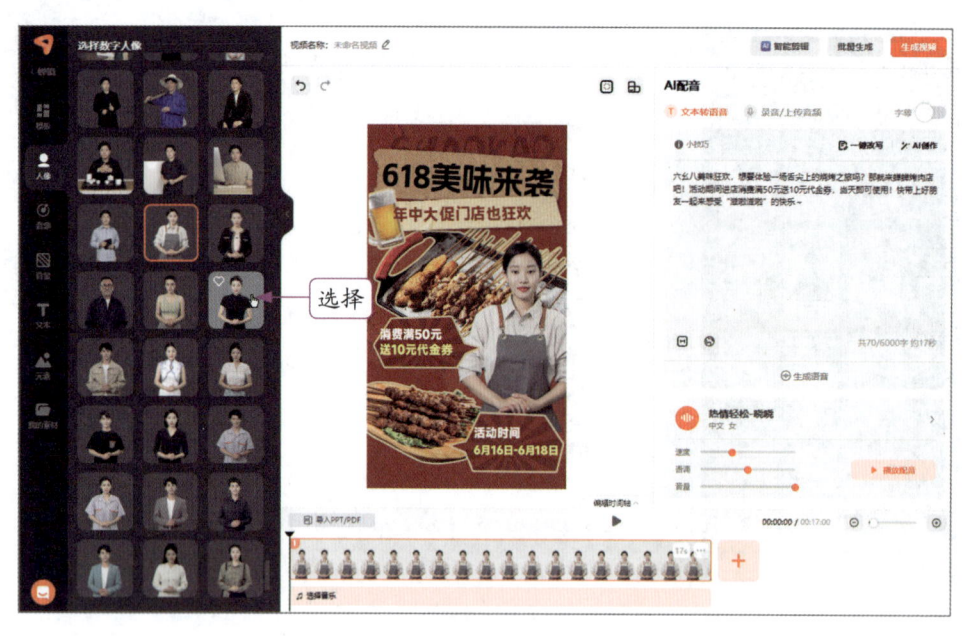

图 7-10　选择相应的数字人形象

STEP 03 即可替换为自己喜欢的数字人，并调整数字人的大小和位置，如图 7-11 所示。

图 7-11　调整数字人的大小和位置

7.2.4　AI 配音与文案编辑

为了让视频内容更加生动且充满表现力，除了精心策划视频画面外，文案的撰写与配音的选择同样至关重要，具体操作方法如下。

扫码看视频

第 7 章 美食推荐：数字人引领餐饮视频营销新时代

STEP 01 在"AI 配音"面板中，单击"一键改写"按钮，如图 7-12 所示。

图 7-12 单击"一键改写"按钮

STEP 02 弹出"一键改写"对话框，生成相应的文本内容，如果对生成内容不满意，单击"换一个"按钮，如图 7-13 所示，即可重新生成相应的文本内容。

STEP 03 如果用户对生成的内容还不满意，可以再次单击"换一个"按钮，直至自己满意为止。满意之后单击"使用"按钮，如图 7-14 所示。

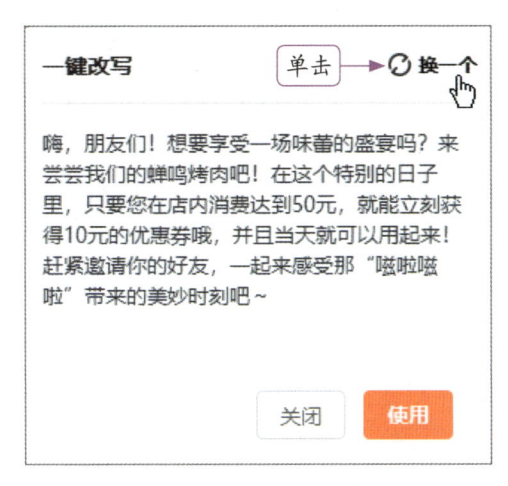

图 7-13 单击"换一个"按钮　　图 7-14 单击"使用"按钮

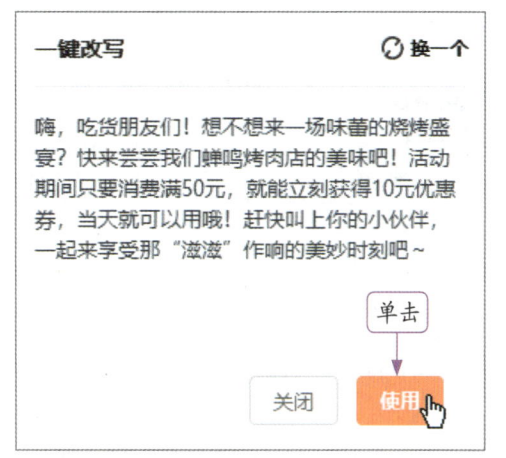

▶ 温馨提示

请注意，每生成一次文案需要消耗 1 蝉豆。

STEP 04 返回"AI配音"面板,即可完成文案内容的替换,如图7-15所示。
STEP 05 用户可以根据自己的需求对文案内容进行适当修改,如图7-16所示。

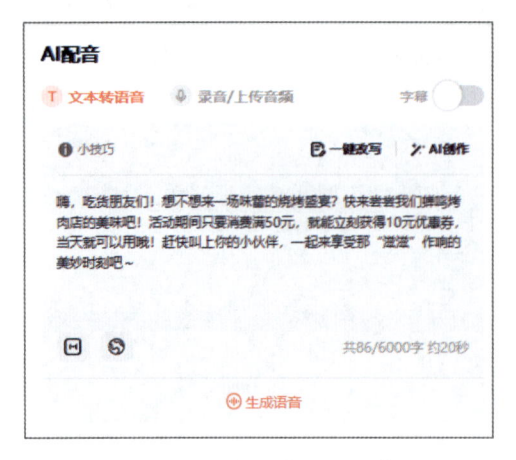

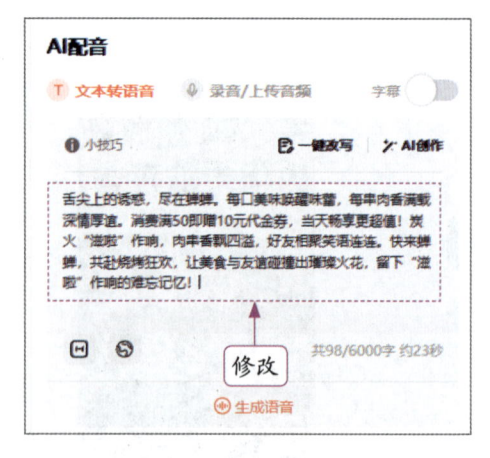

图 7-15　完成文案内容的替换　　　　图 7-16　对文案内容进行适当修改

STEP 06 ❶将光标定位到文本中的相应位置;❷单击"增加停顿"按钮,如图7-17所示,即可增加停顿时间。
STEP 07 使用与上同样的方法,在相应文本中插入多个停顿标记,效果如图7-18所示。

图 7-17　单击"增加停顿"按钮　　　　图 7-18　插入多个停顿标记

STEP 08 在"AI配音"面板的底部,单击"温柔亲切-晓墨"按钮,如图7-19所示。

图 7-19　单击"温柔亲切-晓墨"按钮

第 7 章 》美食推荐：数字人引领餐饮视频营销新时代

STEP 09 弹出"选择 AI 语音"对话框，在"公共配音"|"广告"选项卡中，单击"热情轻松 - 晓晓"选项右侧的"选择"按钮，如图 7-20 所示，即可更改自己喜欢的数字人声音。

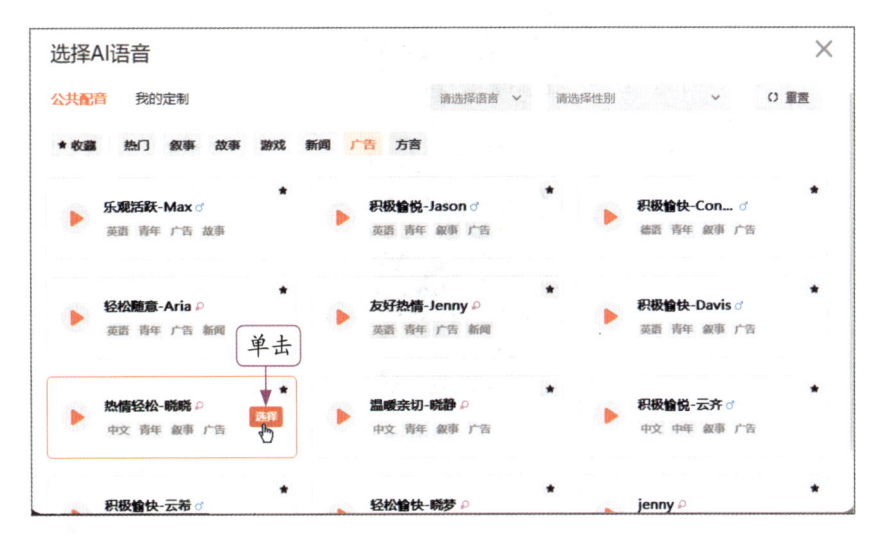

图 7-20　单击"选择"按钮

STEP 10 执行操作后，在"AI 配音"面板中，单击"生成语音"按钮，如图 7-21 所示，即可生成新的语音内容。

图 7-21　单击"生成语音"按钮

7.2.5　编辑文本样式并同步视频

完成视频的初步编辑之后，为了使视频更加精致和专业，还需要对文字内容进行必要的修改，并调整文字的样式，以确保它们与视频的整体风格相得益彰。下面我们将详细讲解如何更改视频中的文字内容及样式，让我们的视频作品焕发出更加完美的光彩，具体操作方法如下。

扫码看视频

139

STEP 01 ❶在预览窗口中，选择相应的文本内容；❷在"样式编辑"选项卡中，更改文字内容；❸设置相应字体，如图7-22所示。

图7-22 设置相应字体（1）

STEP 02 在预览窗口中，选择标题文本并调整文本的大小和位置，如图7-23所示。

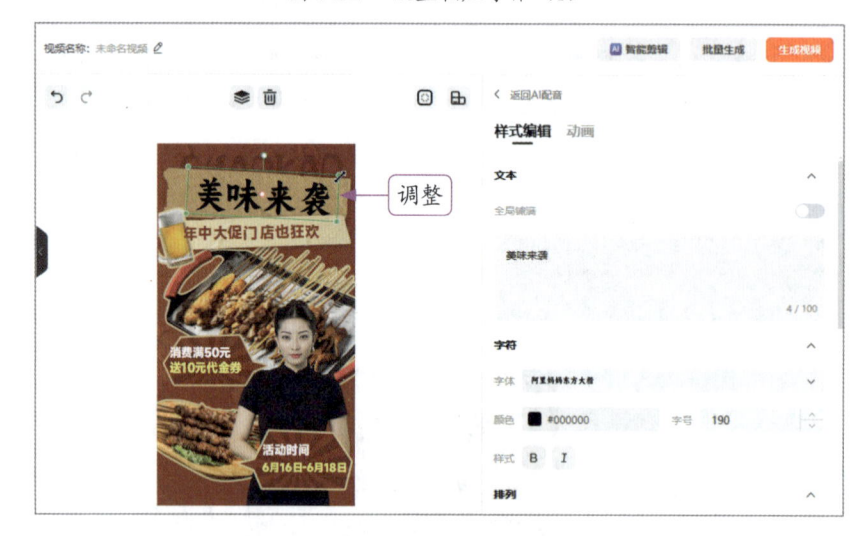

图7-23 调整文本的大小和位置（1）

STEP 03 ❶在预览窗口中，选择相应的文本内容；❷在"样式编辑"选项卡中，更改文字内容；❸设置相应字体，如图7-24所示。

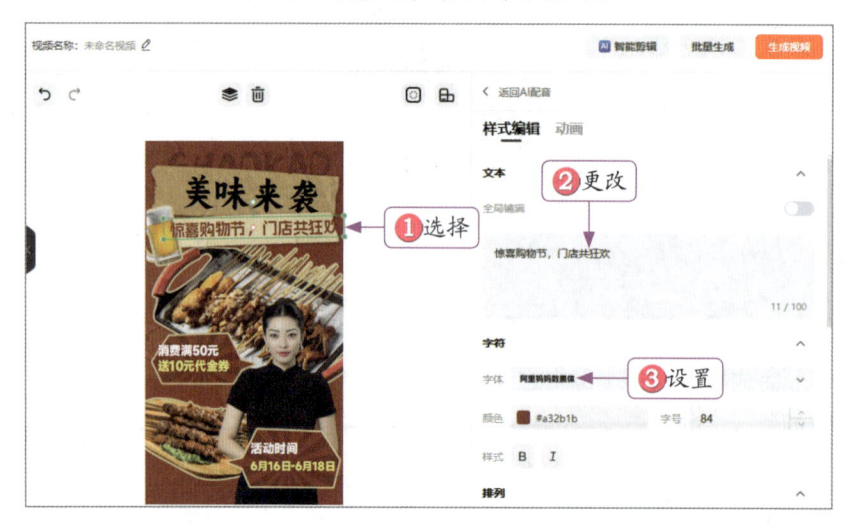

图7-24 设置相应字体（2）

第 7 章 » 美食推荐：数字人引领餐饮视频营销新时代

STEP 04 在预览窗口中，选择标题文本并调整文本的大小和位置，如图7-25所示。

图 7-25　调整文本的大小和位置（2）

STEP 05 使用与上同样的方法，在预览窗口中，选择相应的文本并设置字体，调整文本的大小和位置，如图7-26所示。

图 7-26　设置字体并调整文本的大小和位置（1）

STEP 06 使用与上同样的方法，在预览窗口中，选择相应的文本并设置字体，调整文本的大小和位置，如图7-27所示。

图 7-27　设置字体并调整文本的大小和位置（2）

141

STEP 07 使用与上同样的方法，在预览窗口中，选择相应的文本并设置字体，调整文本的大小和位置，如图7-28所示。

图7-28 设置字体并调整文本的小和位置（3）

STEP 08 使用与上同样的方法，在预览窗口中，选择相应的文本，更改内容并设置字体，调整文本的大小和位置，如图7-29所示。

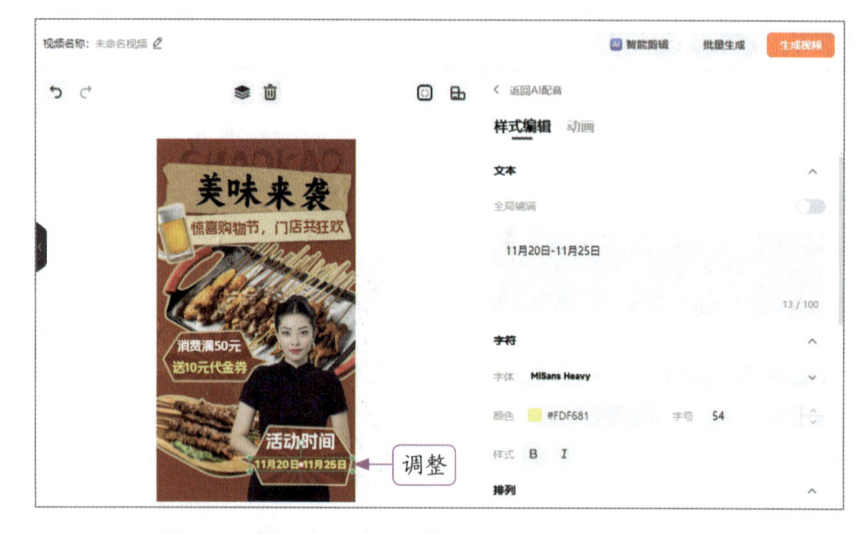

图7-29 更改内容并设置字体，调整文本的大小和位置

STEP 09 在轨道区中，选择背景图片内容，将背景图片的时长调整为与数字人视频的时长一致，如图7-30所示。

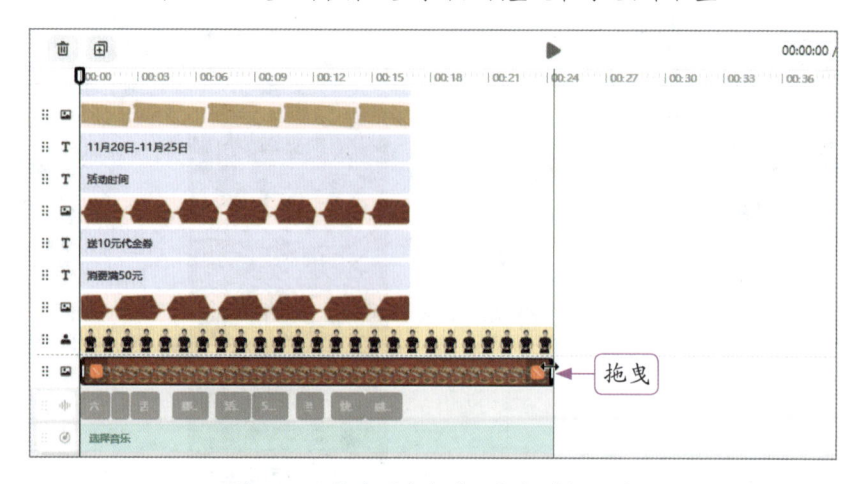

图7-30 拖曳至与数字人视频时长一致

第 7 章 》 美食推荐：数字人引领餐饮视频营销新时代

STEP 10 使用与上同样的方法，将其他内容的时长调整为与数字人视频的时长一致，如图 7-31 所示。

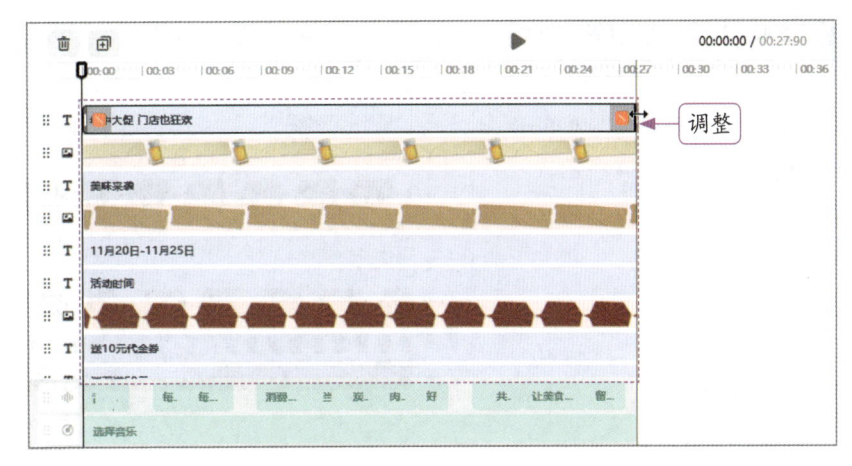

图 7-31 调整为与数字人视频时长一致

7.2.6 添加背景音乐并合成

在制作美食推荐 AI 数字人视频时，为提升内容的层次感和增强情感表达，还需精心挑选并添加合适的背景音乐，具体操作方法如下。

扫码看视频

STEP 01 ❶展开"音频"面板；❷在"音乐"选项卡中单击"欢快节奏"按钮，如图 7-32 所示。

图 7-32 单击"欢快节奏"按钮

STEP 02 切换至"欢快节奏"选项卡，单击相应音乐右侧的"选择"按钮，如图 7-33 所示。

图 7-33 单击"选择"按钮

143

STEP 03 执行操作后，即可将所选音乐添加到轨道区中，❶选择音乐素材；❷单击 按钮，如图 7-34 所示。

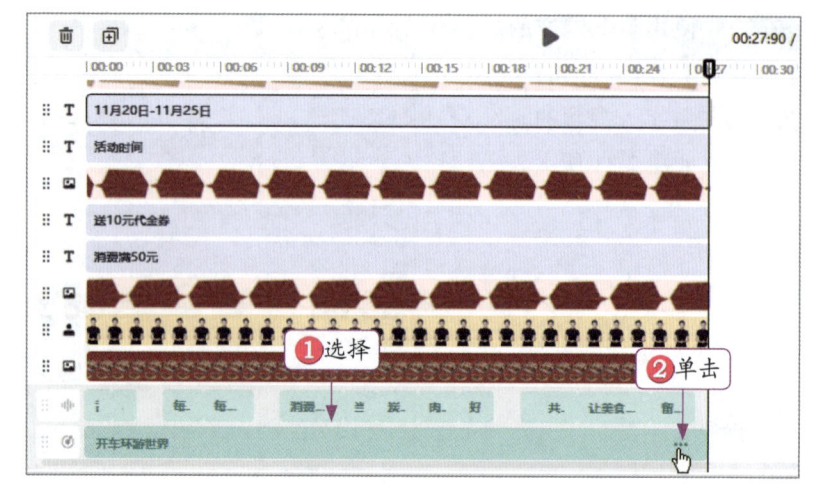

图 7-34　单击相应按钮

STEP 04 弹出列表框，设置"音量"参数为 40，如图 7-35 所示，即可降低背景音乐的音量，以使其不会干扰数字人的播报音频。

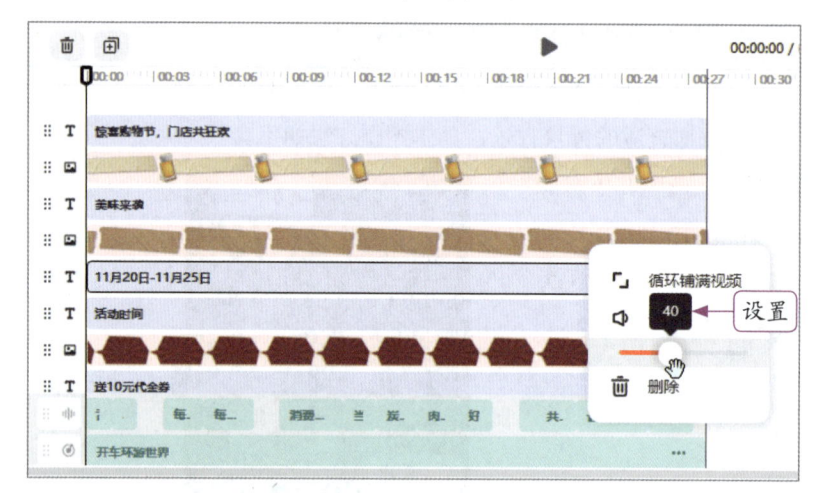

图 7-35　设置"音量"参数

STEP 05 操作完成后，单击"生成视频"按钮，如图 7-36 所示。

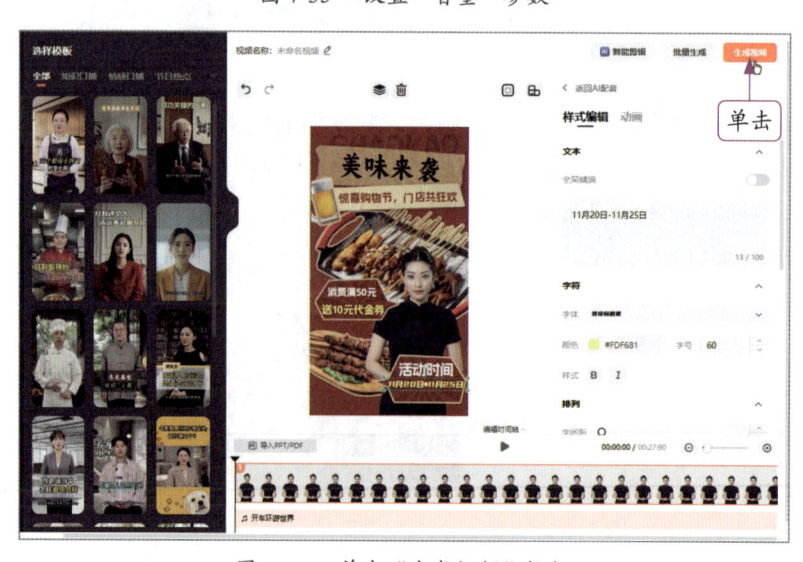

图 7-36　单击"生成视频"按钮

第 7 章 » 美食推荐：数字人引领餐饮视频营销新时代

STEP 06 进入"我的视频"页面，开始显示上传进度，如图 7-37 所示。

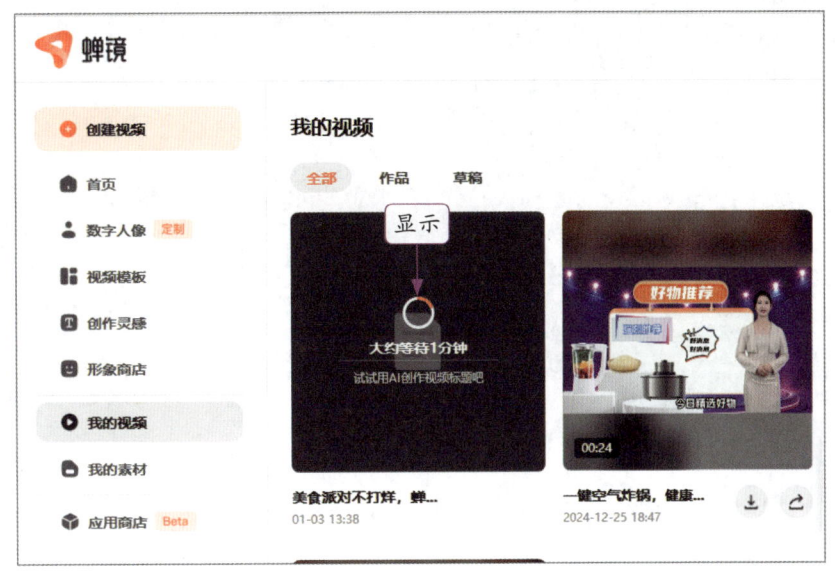

图 7-37 显示上传进度

STEP 07 上传完成后，在"我的视频"页面，单击"下载"按钮，如图 7-38 所示，弹出"新建下载任务"对话框。

图 7-38 单击"下载"按钮

STEP 08 ❶设置视频名称和下载位置；❷单击"下载"按钮，如图 7-39 所示，即可获得完整的视频效果。

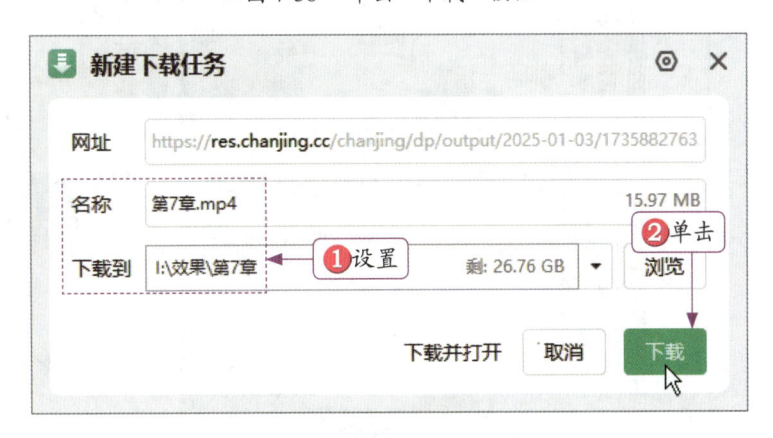

图 7-39 单击"下载"按钮

第 8 章

好物推荐：利用数字人提升商品推广效果

章前知识导读 ▶▶▶▶▶▶▶

在直播带货领域中，AI数字人逐渐成为重要的推广工具。尤其在好物推荐方面，AI数字人通过其高度的互动性和个性化的展示方式，能够有效吸引观众并激发其购买欲望。本章将探讨如何通过AI数字人提升商品推广效果，帮助商家在直播带货中获得更好的转化率。

新手重点索引 ▶▶▶▶▶▶▶

- 利用AI数字人实现好物推荐的基础知识
- 好物推荐领域的AI数字人视频制作流程

效果图片欣赏 ▶▶▶▶▶▶▶

8.1 利用 AI 数字人实现好物推荐的基础知识

在直播带货中，AI 数字人逐渐成为一种新颖且高效的商品推广方式。通过将 AI 数字人与产品推荐结合，在产品吸引观众注意力的同时，提升观众的互动性和参与感。了解好物推荐 AI 数字人视频的基础知识，将为后续更高效的操作和创作提供清晰的思路。

8.1.1 AI 数字人在好物推荐方面有哪些应用？

在直播带货的过程中，AI 数字人已经成为推动商品销售的重要助手。通过定制化的表现和精准的个性化推荐，AI 数字人能够为观众提供身临其境的购物体验，激发他们的购买兴趣。具体来说，AI 数字人在好物推荐方面的应用有以下几个方面。

1. 个性化推荐与精准推送

AI 数字人通过分析观众的行为数据（如浏览历史、点赞、评论等），可以为每个观众提供量身定制的商品推荐。例如，当观众在观看直播时，如果曾经浏览过某款产品，AI 数字人可以主动推送与该产品相关的其他商品，并根据观众的需求详细介绍产品的特点和使用方法。这样的个性化推荐不仅能提高观众的参与度，还能显著提升转化率。

2. 实时互动与问答

AI 数字人的互动能力是其在直播带货中脱颖而出的关键。它能够实时响应观众的提问，解答疑虑，并根据反馈调整推荐内容。例如，当观众询问某款商品的使用效果时，AI 数字人可以立刻提供详细的讲解，或者通过展示视频进一步阐述。这种实时互动让观众感受到与"主播"的紧密联系，增加了他们的信任感与购买意愿。此外，AI 数字人还可以通过发起互动，如投票或问答，激发观众的参与热情，增加直播的互动性。

3. 引导购买与促销活动

AI 数字人能够通过巧妙的语言技巧和情感驱动，引导观众做出购买决策。在推介商品时，数字人不仅可以清楚地介绍产品的特点，还能有效传递限时优惠、折扣信息，制造购买的紧迫感。例如，在推销一款正在进行限时折扣的商品时，AI 数字人会通过语速加快、语气变化来增强紧迫感，激励观众迅速下单。

4. 品牌故事讲述与情感连接

AI 数字人不仅仅是销售员，更是品牌故事的讲述者。它能够通过讲解品牌的历史、价值观和产品特色，帮助用户与品牌建立情感联系。例如，在推销某个品牌时，AI 数字人会简要介绍该品牌的创立背景、核心理念和代表性产品，提升品牌的可信度和用户的认同感。这种情感连接有助于增加观众的品牌忠诚度，促使他们更愿意购买并推荐给他人。

5. 多平台跨渠道推广

AI 数字人的应用并不局限于某一平台，它能够跨越多个直播平台和社交媒体进行推广，帮助品牌实现广泛曝光。不论是抖音、快手、淘宝直播，还是小程序、短视频等，AI 数字人都能根据平台特点调整内容表现，从而挖掘更多的潜在客户，提升商品的曝光率和销量。

6. 增强沉浸感与虚拟体验

结合虚拟现实（VR）技术和增强现实（AR）技术，AI 数字人还可以为用户提供更具沉浸感的购物体验。例如，AI 数字人可以引导用户进入虚拟展示空间，展示商品的使用场景，甚至带领用户参观商品的生产过程。通过这种虚拟体验，用户可以更加真实地感受到产品的质感和价值，增强他们的信任感和购买欲望。特别是在高端商品或科技产品的推广中，虚拟体验能够大大提升产品的吸引力。

综上所述，AI 数字人不仅是直播带货中的一种营销工具，更是品牌与消费者之间重要的桥梁。它的个性化服务、互动性和情感化传递，使得它能够在复杂的电商环境中，帮助品牌与消费者建立更紧密的连接，最终提高转化率和用户忠诚度。

8.1.2 好物推荐领域的 AI 数字人制作有哪些注意事项？

在直播带货中，AI 数字人已成为不可或缺的重要工具，尤其在推荐好物时，它能显著提升观众的参与度和购买欲望。为确保 AI 数字人在此场景下发挥最佳效用，制作时需特别注意以下几点，如图 8-1 所示。

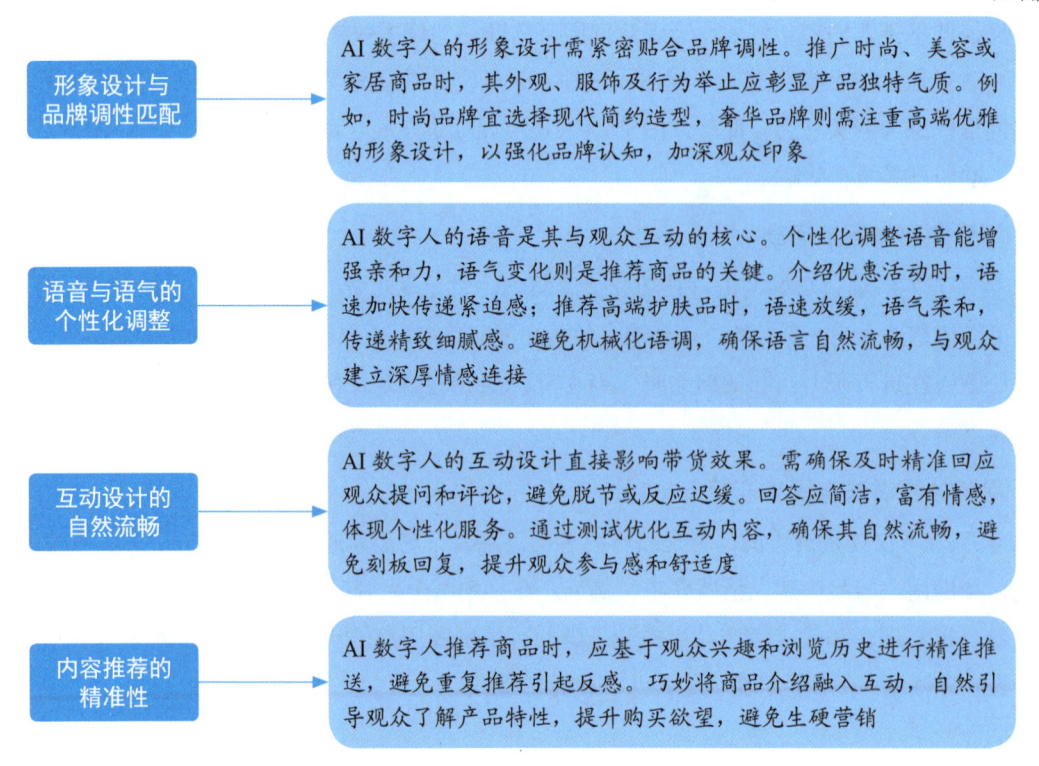

形象设计与品牌调性匹配：AI 数字人的形象设计需紧密贴合品牌调性。推广时尚、美容或家居商品时，其外观、服饰及行为举止应彰显产品独特气质。例如，时尚品牌宜选择现代简约造型，奢华品牌则需注重高端优雅的形象设计，以强化品牌认知，加深观众印象

语音与语气的个性化调整：AI 数字人的语音是其与观众互动的核心。个性化调整语音能增强亲和力，语气变化则是推荐商品的关键。介绍优惠活动时，语速加快传递紧迫感；推荐高端护肤品时，语速放缓，语气柔和，传递精致细腻感。避免机械化语调，确保语言自然流畅，与观众建立深厚情感连接

互动设计的自然流畅：AI 数字人的互动设计直接影响带货效果。需确保及时精准回应观众提问和评论，避免脱节或反应迟缓。回答应简洁，富有情感，体现个性化服务。通过测试优化互动内容，确保其自然流畅，避免刻板回复，提升观众参与感和舒适度

内容推荐的精准性：AI 数字人推荐商品时，应基于观众兴趣和浏览历史进行精准推送，避免重复推荐引起反感。巧妙将商品介绍融入互动，自然引导观众了解产品特性，提升购买欲望，避免生硬营销

图 8-1 好物推荐 AI 数字人制作时的注意事项

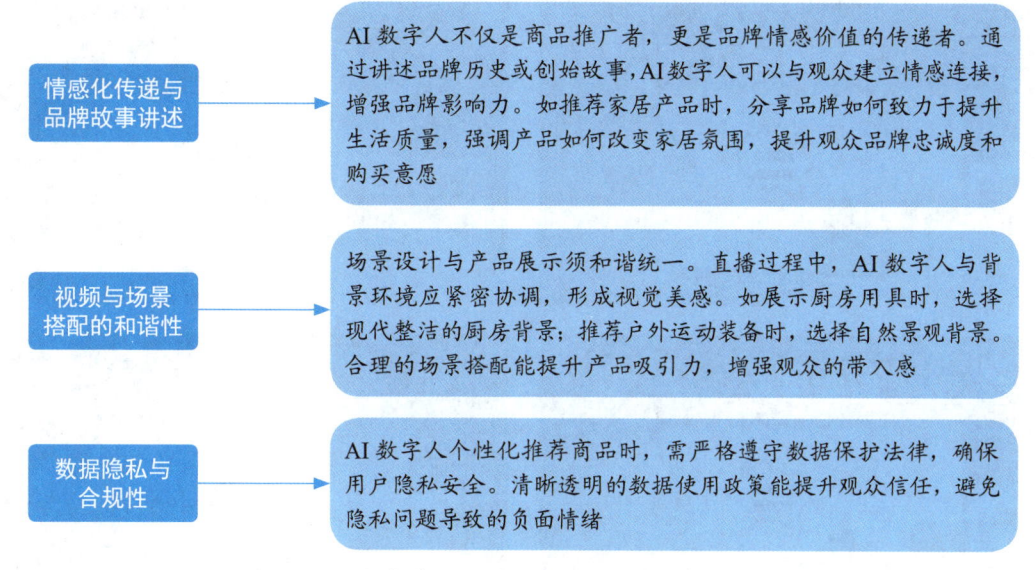

情感化传递与品牌故事讲述	AI数字人不仅是商品推广者,更是品牌情感价值的传递者。通过讲述品牌历史或创始故事,AI数字人可以与观众建立情感连接,增强品牌影响力。如推荐家居产品时,分享品牌如何致力于提升生活质量,强调产品如何改变家居氛围,提升观众品牌忠诚度和购买意愿
视频与场景搭配的和谐性	场景设计与产品展示须和谐统一。直播过程中,AI数字人与背景环境应紧密协调,形成视觉美感。如展示厨房用具时,选择现代整洁的厨房背景;推荐户外运动装备时,选择自然景观背景。合理的场景搭配能提升产品吸引力,增强观众的带入感
数据隐私与合规性	AI数字人个性化推荐商品时,需严格遵守数据保护法律,确保用户隐私安全。清晰透明的数据使用政策能提升观众信任,避免隐私问题导致的负面情绪

图 8-1　好物推荐 AI 数字人制作时的注意事项(续)

通过精心设计和考虑,AI 数字人在推荐好物时,不仅能精准传达产品信息,还能在情感层面与观众建立深厚联系。精致形象、灵活互动、精准推荐和情感传递,共同推动直播带货转化率提升,助力品牌发展。

8.2 好物推荐领域的 AI 数字人视频制作流程

了解了基础应用与制作注意事项后,掌握具体的制作流程至关重要。本节将从视频模板的选择、数字人形象的替换,到最终的视频合成,逐步介绍好物推荐 AI 数字人视频制作的全过程,确保用户能轻松上手并制作出高质量的好物推荐视频。

8.2.1 效果欣赏

在进入 AI 数字人好物推荐的创作环节之前,我们先一起欣赏一个极具代表性的视频。这个视频堪称 AI 数字人技术在好物推荐领域的精彩范本,生动呈现出 AI 数字人在多元场景里,以独特魅力与精准推荐,开启新颖的购物体验。效果展示如图 8-2 所示。

图 8-2 效果展示

8.2.2 选定视频模板

为了开始创建视频并融入 AI 数字人元素,需先进入蝉镜平台的首页,然后选定一个符合需求的视频模板,并添加 AI 数字人,具体操作方法如下。

扫码看视频

第 8 章 >> 好物推荐：利用数字人提升商品推广效果

STEP 01 在蝉镜的首页，单击"创建视频"按钮，如图 8-3 所示。

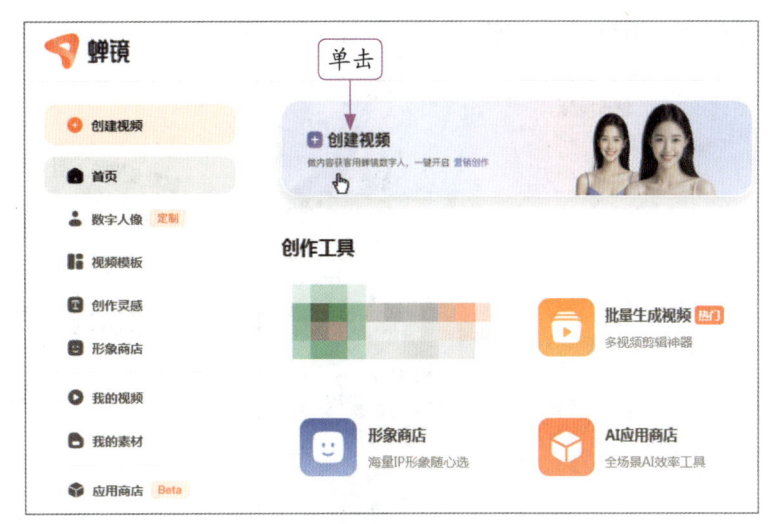

图 8-3　单击"创建视频"按钮

STEP 02 进入"创建视频"页面，选择"选择视频模板新建"选项，如图 8-4 所示。

图 8-4　选择"选择视频模板新建"选项

STEP 03 ❶切换至"横版 16∶9"选项卡；❷单击"卖货营销"按钮，如图 8-5 所示。

图 8-5　单击"卖货营销"按钮

151

STEP 04 切换至"卖货营销"选项卡，选择相应模板，如图8-6所示。

图 8-6　选择相应模板

STEP 05 执行操作后，即可进入模板页面，如图8-7所示。

图 8-7　进入模板页面

8.2.3　替换数字人形象

接下来，在蝉镜平台中轻松替换数字人形象。通过简单的操作，即可选择并应用你喜欢的数字人形象。具体操作方法如下。

扫码看视频

第 8 章 >> 好物推荐：利用数字人提升商品推广效果

STEP 01 在模板页面，❶单击"人像"按钮，进入"选择数字人像"面板；❷选择相应数字人像，如图 8-8 所示，即可替换为自己喜欢的数字人。

图 8-8 选择相应的数字人像

STEP 02 适当调整数字人的位置、大小，如图 8-9 所示。

图 8-9 调整数字人的位置、大小

8.2.4 驱动数字人播报的设置流程

接下来，通过简单的步骤，利用 AI 技术驱动数字人进行播报，以生成并播放令你满意的数字人播报。具体操作如下。

扫码看视频

STEP 01 在"AI 配音"面板中，❶选择文案内容；❷单击"AI 创作"按钮，如图 8-10 所示。

图 8-10 单击"AI 创作"按钮

153

STEP 02 弹出"AI文案创作"对话框，❶在"话题"文本框中输入"生成好物推荐文案"；❷单击"立即生成"按钮，如图8-11所示。

图8-11　单击"立即生成"按钮

STEP 03 即可生成相应的文本内容，如果对生成的内容不满意，单击"重新生成"按钮，如图8-12所示，即可重新生成相应的文本内容。

STEP 04 如果用户对生成的内容还不满意，可以再次单击"重新生成"按钮，直到生成自己满意的文本内容为止。接着选择相应的内容，单击"去使用"按钮，如图8-13所示。

图8-12　单击"重新生成"按钮　　　　图8-13　单击"去使用"按钮

STEP 05 弹出"确定替换现有内容？"对话框，单击"确定"按钮，如图8-14所示。

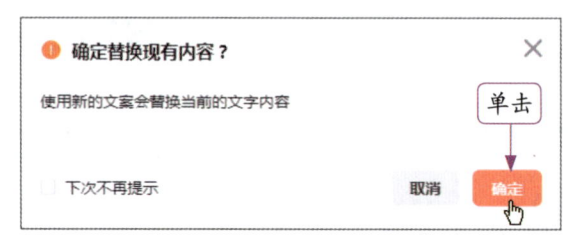

图8-14　单击"确定"按钮

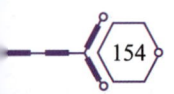

第 8 章 » 好物推荐：利用数字人提升商品推广效果

STEP 06 返回"AI 配音"面板，即可完成文案内容的替换，如图 8-15 所示。

STEP 07 用户可以根据自己的需求，对文案内容进行适当修改，如图 8-16 所示。

图 8-15 完成文案内容的替换　　　图 8-16 对文案内容进行适当修改

STEP 08 在"AI 配音"面板的底部，单击"温柔知性讲情感"按钮，如图 8-17 所示。

图 8-17 单击"温柔知性讲情感"按钮

STEP 09 弹出"选择 AI 语音"对话框，❶单击"请选择语言"右侧下拉按钮 ∧，弹出列表框；❷选择"中文"选项，如图 8-18 所示，筛选出语言为中文的音色。

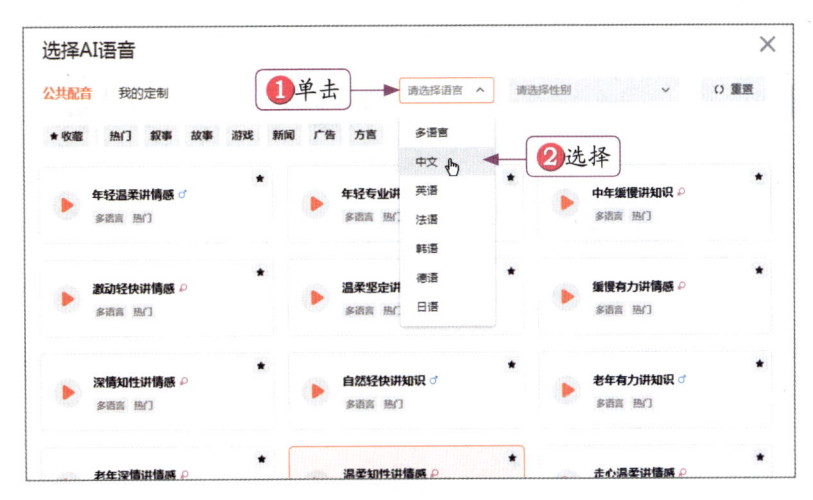

图 8-18 选择"中文"选项

155

STEP 10 ❶单击"请选择性别"右侧下拉按钮,弹出列表框;❷选择"女"选项,如图8-19所示,筛选出性别为女生的音色。

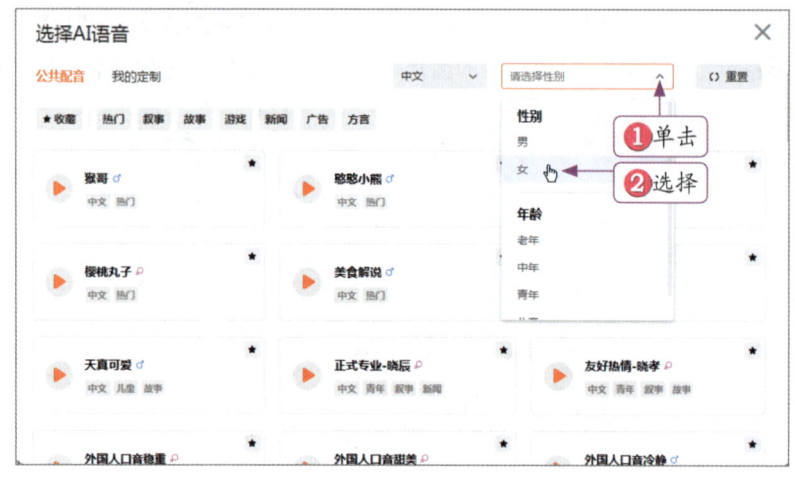

图8-19 选择"女"选项

STEP 11 执行操作后,单击"友好热情-晓孝"选项右侧的"选择"按钮,如图8-20所示,即可更改自己喜欢的数字人声音。

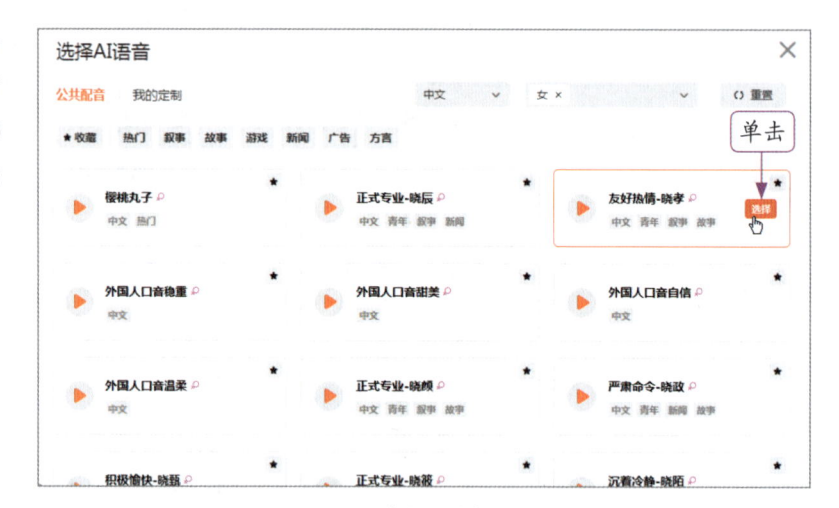

图8-20 单击"选择"按钮

STEP 12 执行操作后,在"AI配音"面板中,单击"生成语音"按钮,如图8-21所示,即可替换原有的语音内容。

图8-21 单击"生成语音"按钮

8.2.5 轻松更换视频背景

为了让视频内容更加丰富多彩,需要根据主题或氛围来更换视频的背景。下面为大家介绍如何在蝉镜平台中轻松更换视频背景,具体操作方法如下。

STEP 01 在模板页面中单击"背景"按钮,如图 8-22 所示。

图 8-22 单击"背景"按钮

STEP 02 进入"选择背景图"面板,单击"直播"按钮,如图 8-23 所示,即可切换至"直播"选项卡。

图 8-23 单击"直播"按钮

STEP 03 执行操作后，选择相应背景，如图8-24所示，即可替换背景图片。

图8-24 选择相应背景

8.2.6 更改视频中的文字内容及样式

现在，已经完成了视频的初步编辑，接下来还需要对文字内容进行修改及调整文字的样式，以更好地匹配视频的整体风格。更改视频中文字内容及样式的具体操作方法如下。

扫码看视频

STEP 01 在预览窗口中，❶选择相应文本内容；❷在"样式编辑"选项卡的"文本"选项区中，更改文字内容，如图8-25所示。

图8-25 更改文字内容

第 8 章 ≫ 好物推荐：利用数字人提升商品推广效果

STEP 02 在"字符"选项区中，❶单击"字体"右侧的下拉按钮，弹出列表框；❷选择"优设标题黑"选项，如图 8-26 所示，即可更改字体。

图 8-26 选择"优设标题黑"选项

STEP 03 在预览窗口中，选择标题文本并调整文本的大小和位置，如图 8-27 所示。

图 8-27 调整文本的大小和位置

STEP 04 在模板页面中，单击"文本"按钮，如图 8-28 所示。

图 8-28 单击"文本"按钮

159

STEP 05 在"气泡文字"选项卡中,单击相应文字模板,如图8-29所示,即可添加相应文字模板。

STEP 06 使用与上同样的方法,单击相应文字模板,如图8-30所示,即可添加相应文字模板。

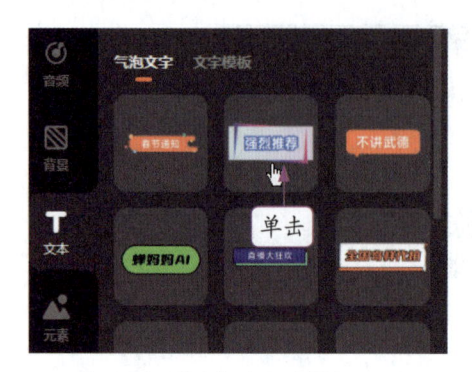

图 8-29 单击相应文字模板(1) 　　图 8-30 单击相应文字模板(2)

STEP 07 在预览窗口中,选择文本模板并调整文本的大小和位置,如图8-31所示。

图 8-31 调整文本的大小和位置

STEP 08 在轨道区中,将标题文本的时长调整为与数字人视频的时长一致,如图8-32所示。

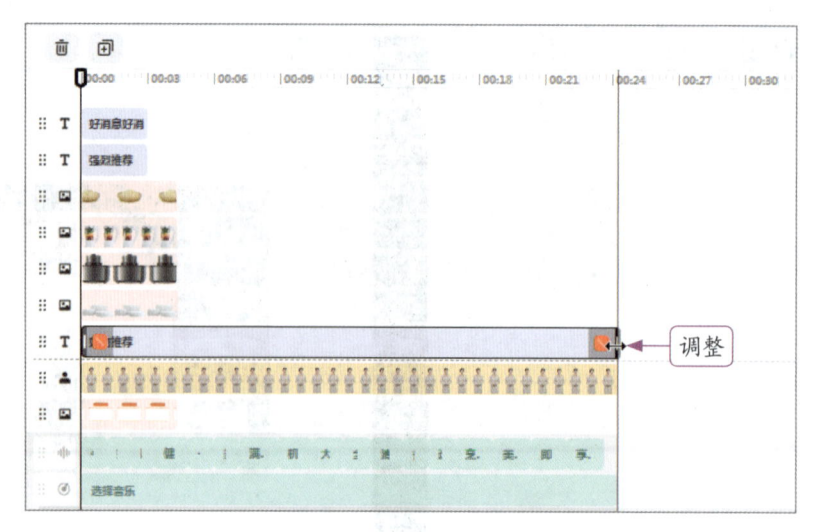

图 8-32 调整标题文本的时长

第 8 章 >> 好物推荐：利用数字人提升商品推广效果

STEP 09 使用与上同样的方法，调整其他内容的时长，使它们与数字人视频的时长一致，如图 8-33 所示。

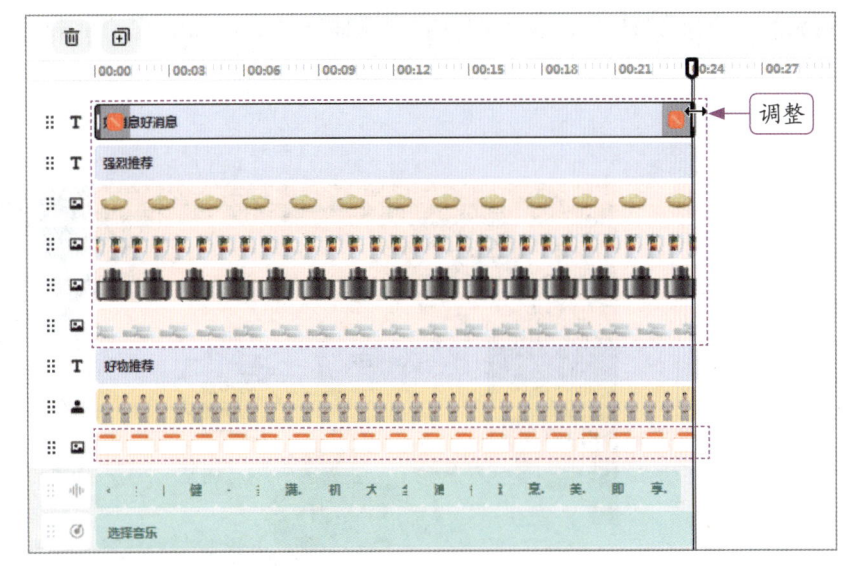

图 8-33 调整其他内容的时长

STEP 10 在"AI 配音"面板中单击"字幕"按钮，如图 8-34 所示，即可打开字幕。

图 8-34 单击"字幕"按钮

STEP 11 在预览窗口中，❶选择字幕内容；❷在"样式编辑"面板的"字符"选项区中，单击"字体"右侧的下拉按钮，弹出列表框；❸选择"阿里妈妈数黑体"选项，如图 8-35 所示，即可设置字体。

图 8-35 选择"阿里妈妈数黑体"选项

161

STEP 12 在预览窗口中，选择字幕内容并调整文本大小和位置，如图 8-36 所示。

图 8-36　调整文本大小和位置

8.2.7　在视频中添加背景音乐并进行合成

为了让视频更加生动、引人入胜，我们将为其添加一段背景音乐。背景音乐不仅能够营造出特定的氛围，还能增强观众的情感体验。为视频添加合适的背景音乐并进行合成的具体操作方法如下。

STEP 01 单击"音频"按钮，进入"选择音频"面板，在"音乐"选项卡中，选择一首合适的音乐，单击"选择"按钮，如图 8-37 所示。

图 8-37　单击"选择"按钮

第 8 章 >> 好物推荐：利用数字人提升商品推广效果

STEP 02 执行操作后，即可将所选音乐添加到轨道区中，❶选择音乐素材；❷单击 ··· 按钮，如图8-38所示。

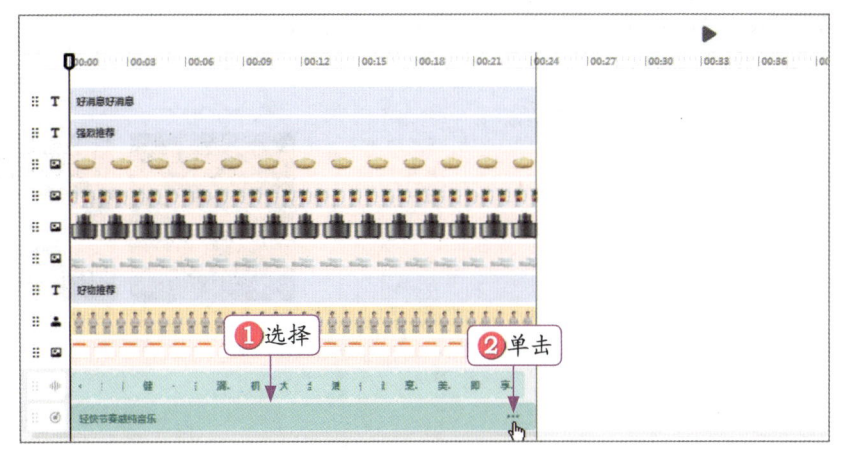

图 8-38 单击相应按钮

STEP 03 弹出列表框，设置"音量"参数为12，如图8-39所示，即可降低背景音乐的音量，使其不会干扰数字人的播报音频。

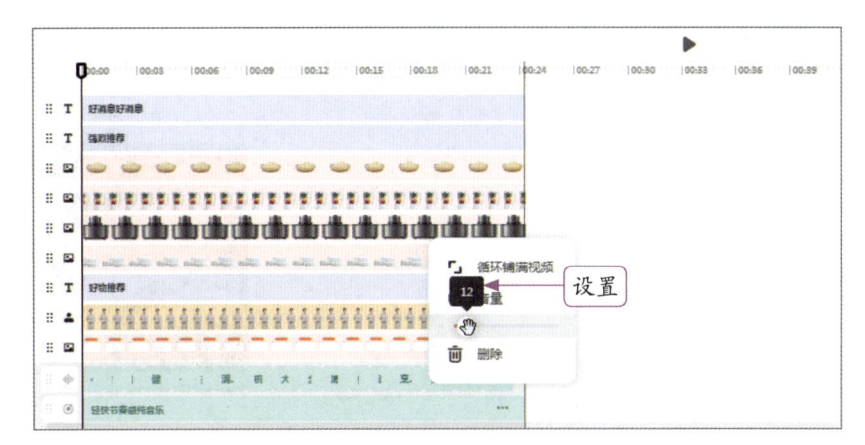

图 8-39 设置"音量"参数

STEP 04 操作完成后，单击"生成视频"按钮，如图8-40所示。

图 8-40 单击"生成视频"按钮

163

STEP 05 操作完成后，进入"我的视频"页面，开始显示上传进度，如图8-41所示。

图8-41 显示上传进度

STEP 06 上传完成后，在"我的视频"页面，单击"下载"按钮 ⬇，如图8-42所示，弹出"新建下载任务"对话框。

图8-42 单击"下载"按钮

STEP 07 ❶设置视频名称和下载位置；❷单击"下载"按钮，如图8-43所示，即可下载完整的视频效果。

图8-43 单击"下载"按钮

第 9 章

农产品推荐：利用数字人提升直播带货效果

章前知识导读 ▶▶▶▶▶▶▶

　　随着数字化时代的快速发展，传统的农产品销售模式正逐步被直播带货这一创新销售形式取代。在这一变革中，AI 数字人作为一种创新工具，已成为提升农产品销售转化率的强大助力。本章将深入探讨如何利用 AI 数字人技术，提升农产品推荐的效果，使其在直播带货过程中更加生动，富有吸引力，从而推动销售增长。

章前知识导读 ▶▶▶▶▶▶▶

- 利用 AI 数字人实现农产品推荐的基础知识
- 农产品推荐领域的 AI 数字人视频制作流程

效果图片欣赏 ▶▶▶▶▶▶▶

9.1 利用 AI 数字人实现农产品推荐的基础知识

在农产品直播带货的过程中，AI 数字人不仅突破了传统销售方式中人力、时间和空间的局限，还通过精准互动和个性化推荐，极大地提升了农产品的吸引力。本节将从基础知识入手，探讨 AI 数字人在农产品推荐方面有哪些应用及在制作农产品推荐 AI 数字人时的注意事项，为后续的视频制作和优化奠定理论基础。

9.1.1 AI 数字人在农产品推荐方面有哪些应用？

AI 数字人在农产品推荐领域正逐步展现其独特的魅力与潜力，具体应用有以下几个方面。

1. 全天候直播推广，拓宽触达边界

传统的直播推广通常受到主播体力、时间和精力的限制，难以实现全天候、无缝隙的推广。而 AI 数字人能够克服这一限制，其凭借不知疲倦、随时待命的特点，根据预设的时间表进行 24 小时直播。这使得直播能够充分利用消费者的碎片时间，尤其是在流量高峰的夜间或节假日，持续吸引观众。通过 AI 数字人全天候的在线展示，农产品得以在更广泛的时段和场景下获得曝光，极大地拓宽了市场触达边界。

2. 精准营销，提升转化率

借助大数据技术，AI 数字人能够实时分析观众的兴趣、行为及偏好，并据此推送定制化的内容。根据观众的观看历史和互动数据，AI 数字人可以个性化推荐农产品。例如，针对注重健康的中老年人，AI 数字人会详细讲解农产品的绿色种植过程和营养成分；对于生活节奏较快的年轻人，AI 数字人则可以突出产品的便捷性和现代化包装设计。这种精准营销的策略，不仅提高了消费者的参与度，还有效提升了购买转化率。

3. 互动体验升级，增强吸引力

结合增强现实（AR）技术和虚拟现实（VR）技术，AI 数字人能够为观众提供沉浸式的互动体验。AI 数字人可以通过虚拟化的农场场景，带领观众"走进"田间地头，亲眼见证农产品的采摘、制作过程；也可以通过虚拟烹饪课堂，展示如何使用农产品烹饪出美味佳肴。这种互动性极强的体验，不仅能有效吸引观众的注意力，还能够在愉快的互动氛围中激发他们的购买欲望。

4. 数据驱动，优化策略

AI 数字人具备强大的数据分析能力，能够实时捕捉观众的互动数据，包括评论、点赞、购买等行为数据，并快速调整直播内容和展示策略。通过对观众反馈的即时分析，AI 数字人能够精准识别哪些产品受欢迎、哪些产品可能不符合观众需求，热门农产品会得到更多展示机会，而表现一般的

产品会被及时调整展示频率。这种数据驱动的实时优化策略，帮助商家及时把握市场需求，调整库存、定价和推广计划，从而提升整体销售业绩。

5. 多渠道同步推送，扩大曝光率

AI 数字人不仅仅局限于单一平台的直播推广，还能够实现多平台、多渠道的同步推广。AI 数字人可以无缝接入微信小程序、抖音小店等电商平台，自动发布商品链接，实现跨平台的推广与销售。通过这种方式，农产品能够在多个渠道和社交平台上同时曝光，进一步扩大了品牌的市场影响力。通过精确的用户画像和推荐算法，AI 数字人还能在不同平台间自动推送定制化的内容，提升观众的购买便捷性和参与感。

6. 助力公益，推动乡村振兴

AI 数字人不仅能在商业营销中发挥重要的作用，还能成为公益事业的重要助力。地方政府和企业可以通过 AI 数字人推广来自贫困地区或偏远农村的农产品，帮助解决滞销问题，带动农民增收。这一创新的传播方式，不仅能够有效提高农产品的市场认知度，还能通过 AI 数字人亲切、生动的形象讲述农产品的生产故事，吸引消费者的关注，推动乡村振兴和农业现代化发展。

AI 数字人正以其全天候直播、精准营销、互动体验等优势，打破传统销售模式的局限，为农产品带来了全新的营销方式。同时，AI 数字人通过强大的数据分析能力和多平台的推广能力，不仅有效提升了农产品的曝光度和销量，还促进了乡村振兴与公益事业。随着技术的不断发展，AI 数字人将继续在农产品推荐领域发挥越来越重要的作用。

9.1.2 农产品推荐领域的 AI 数字人制作有哪些注意事项？

在直播带货领域，AI 数字人已成为推动农产品销售的重要工具。为了确保 AI 数字人能有效吸引观众，激发其兴趣并最终促成购买，在制作过程中需要细致考量多个关键因素。以下是几个重要的注意事项。

扫码看视频

1. 形象设计与品牌契合

AI 数字人的形象设计需紧密匹配所推广农产品的特点，并与品牌形象保持一致。例如，推广有机或健康类农产品时，AI 数字人应传递出自然、可信赖的形象，采用柔和的色调和自然背景，强调产品的环保和健康特质。AI 数字人的外观、服饰、发型及面部表情等要展现出符合产品价值的形象，同时也要考虑目标受众的喜好，增强品牌的亲和力。

2. 自然、亲切的语言风格

语言是直播带货中关键的交流工具。AI 数字人的语言风格应避免过于机械化或死板，需具备亲和力和情感化，使观众产生共鸣。在介绍农产品时，AI 数字人应使用简单易懂的语言，同时结合产品的特点和优势，用温暖且自然的语气传递产品信息。AI 数字人应根据不同产品的特点调整语调，绿色健康食品的推荐可以注重自然和温暖感，便捷型农产品则适合采用更活泼、现代的语气。

3. 沉浸式展示与虚拟场景设计

为了让观众能更直观地感知农产品的价值，AI 数字人应结合 AR 与 VR 技术，提供沉浸式的展示体验。例如，AI 数字人可以虚拟带领观众参观农田场景，展示产品的生长过程，甚至通过虚拟烹饪场景介绍如何烹饪这些农产品。观众通过"身临其境"，能够有效增强对产品的信任感，同时激发购买欲望。

4. 真实性与透明度

在农产品直播带货过程中，观众的信任至关重要。AI 数字人需要提供真实、透明的信息，特别是产品的来源、品质和认证方面的信息，避免虚假宣传，通过详细介绍农产品的种植过程、环保认证等信息，提升产品的可信度和安全感。通过讲述农产品背后的故事，AI 数字人可以进一步加强与消费者的情感连接。

在制作农产品推荐的 AI 数字人时，除了精湛的技术表现外，还需注重内容的定制化、与观众的情感互动，以及确保信息的透明性和真实感。通过精准的形象设计、亲切自然的语言、互动性和沉浸式展示等方面，AI 数字人能够显著提高农产品的销售转化率。同时，借助数据驱动和多渠道推广的结合，AI 数字人能有效增加农产品在市场中的曝光度和购买转化率，提升直播带货的整体效果。

9.2 农产品推荐领域的 AI 数字人视频制作流程

掌握了 AI 数字人在农产品推荐中的应用与制作注意事项之后，接下来便是实际操作。从视频效果的选择，到数字人模板的优化，再到如何为视频添加适合的播报内容与编辑文案，每一环节都需要精细把控。本节将详细介绍农产品推荐 AI 数字人视频的制作流程，确保读者能够顺利完成高质量的直播带货视频制作，帮助农产品从市场中脱颖而出。

9.2.1 效果欣赏

本案例不仅彰显了 AI 数字人在农产品推荐领域的独特魅力与无限潜能，同时也为大家的创作之路提供了宝贵的灵感源泉与实用参考，效果如图 9-1 所示。

图 9-1 效果展示

图 9-1 效果展示（续）

9.2.2 数字人模板优化

在腾讯智影平台的"数字人播报"页面中，选择模板并一键预览效果，再通过调整数字人形象和布局，能够优化创作效果，提高效率与品质。具体操作方法如下。

扫码看视频

STEP 01 进入腾讯智影的"创作空间"页面，单击"数字人播报"选项区中的"去创作"按钮，如图 9-2 所示。

图 9-2 单击"去创作"按钮

STEP 02 执行操作后，进入"数字人播报"功能页面，❶展开"模板"面板；❷在"横版"选项卡中选择相应的数字人模板，如图9-3所示。

图9-3 选择相应的数字人模板

STEP 03 执行操作后，在弹出的对话框中可以预览该数字人模板的视频效果，如图9-4所示。

图9-4 预览数字人模板的视频效果

STEP 04 单击"应用"按钮，即可应用合适的数字人模板，如图9-5所示。

图9-5 添加合适的数字人模板

第 9 章 >> 农产品推荐：利用数字人提升直播带货效果

STEP 05 ❶单击"数字人"按钮，❷在"预置形象"选项卡中选择相应数字人，如图 9-6 所示，即可替换数字人。

图 9-6 选择相应数字人

STEP 06 ❶在预览区中选择数字人；❷在编辑区中切换至"画面"选项卡；❸设置 X 坐标为 –493，Y 坐标为 97，"缩放"参数为 73%，如图 9-7 所示，即可调整数字人的位置和大小。

图 9-7 设置相应参数（1）

STEP 07 使用与上同样的方法，拖曳时间轴至第 2 段 PPT 页面，❶替换数字人；❷在编辑区中切换至"画面"选项卡；❸设置"坐标"和"缩放"参数，如图 9-8 所示。

图 9-8 设置相应参数（2）

STEP 08 使用与上同样的方法，拖曳时间轴至第 7 段 PPT 页面，❶替换数字人；❷在编辑区中切换至"画面"选项卡；❸设置"坐标""缩放"参数，如图 9-9 所示。

图 9-9 设置相应参数（3）

STEP 09 使用与上同样的方法，拖曳时间轴至第 8 段 PPT 页面，❶替换数字人；❷在编辑区中切换至"画面"选项卡；❸设置"坐标""缩放"参数，如图 9-10 所示。

图 9-10 设置相应参数（4）

9.2.3 删除 PPT 和替换背景

下面将删除 PPT 并替换背景，通过工具栏轻松上传自定义图片，打造个性化视频场景，具体操作方法如下。

扫码看视频

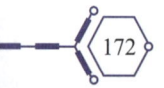

第 9 章 农产品推荐：利用数字人提升直播带货效果

STEP 01 ❶单击"PPT 模式"按钮，展开"PPT 模式"面板；❷选择第 3 段 PPT 页面；❸单击"删除"按钮 🗑，如图 9-11 所示，即可删除 PPT 页面。使用同样的方法，将多余的 PPT 页面删除。

图 9-11　单击"删除"按钮

STEP 02 ❶单击"背景"按钮；❷切换至"自定义"选项卡；❸单击"本地上传"按钮，如图 9-12 所示，即可上传自己喜欢的背景图片。

图 9-12　单击"本地上传"按钮

STEP 03 弹出"打开"对话框，❶选择相应素材；❷单击"打开"按钮，如图 9-13 所示，即可将选择的背景素材导入"自定义"选项卡中。

图 9-13　单击"打开"按钮

173

STEP 04 选择导入的第 1 张背景素材，如图 9-14 所示，即可替换数字人的背景素材。

图 9-14　选择导入的第 1 张背景素材

STEP 05 ❶拖曳时间轴至第 3 段 PPT 页面；❷选择导入的第 2 张背景素材，如图 9-15 所示，即可替换数字人的背景素材。

图 9-15　选择导入的背景素材

9.2.4　为 PPT 添加播报内容

为 PPT 添加播报内容，除了手动输入，现在还支持导入 AI 工具（如文心一言）生成的自定义文本，这极大地提升了内容编辑的便捷性，具体操作方法如下。

扫码看视频

第 9 章 》农产品推荐：利用数字人提升直播带货效果

STEP 01 ❶展开"PPT 模式"面板；❷选择第 1 段 PPT 页面；❸在"播报内容"选项卡中清除文本内容，单击"导入文本"按钮，如图 9-16 所示。

图 9-16 单击"导入文本"按钮

STEP 02 弹出"打开"对话框，❶选择相应的文本文件；❷单击"打开"按钮，如图 9-17 所示。

图 9-17 单击"打开"按钮

STEP 03 ❶将光标定位到相应的文字位置；❷单击"插入停顿"按钮；❸在弹出的列表框中选择"停顿 0.5 秒"选项，如图 9-18 所示，即可在相应的文字位置插入一个停顿标记，当数字人播报到这里时会停顿 0.5 秒再往下读。

图 9-18 选择"停顿 0.5 秒"选项

175

STEP 04 在"播报内容"选项卡底部单击 🎤 铃兰 1.2x 音色按钮,如图 9-19 所示,铃兰 1.2x 为模板中默认的数字人音色和读速。

图 9-19　单击音色按钮

STEP 05 弹出"选择音色"对话框,❶选择"雅欣升级版"音色;❷设置"读速"为 1.0,适当降低内容的播报速度;❸单击"确认"按钮,如图 9-20 所示,即可成功修改数字人的音色和读速。

图 9-20　单击"确认"按钮

STEP 06 在设置完数字人的音色之后,在编辑区底部单击"保存并生成播报"按钮,如图 9-21 所示,即可生成以特定音色播报的音频,用户可以试听音频。

图 9-21　单击"保存并生成播报"按钮

第 9 章 » 农产品推荐：利用数字人提升直播带货效果

STEP 07 使用与上同样的操作方法，为第 2 段 PPT 页面添加相应的内容，如图 9-22 所示。

图 9-22　添加相应的内容效果（1）

STEP 08 使用与上同样的操作方法，为第 3 段 PPT 页面添加相应的内容，如图 9-23 所示。

图 9-23　添加相应的内容效果（2）

STEP 09 使用与上同样的操作方法，为第 4 段 PPT 页面添加相应的内容，如图 9-24 所示。

图 9-24 添加相应的内容效果（3）

9.2.5 编辑视频 PPT 文案

接下来对视频 PPT 内容进行精心打磨，确保信息与视觉的双重呈现达到最佳效果，具体操作方法如下。

扫码看视频

STEP 01 ❶选择第 1 段 PPT 页面；❷在预览区中选择相应的文本；❸在"样式编辑"选项卡中，更改文本内容；❹设置相应字体，如图 9-25 所示。

图 9-25 设置相应字体

STEP 02 在"基础调节"选项区中,设置 X 坐标为 0,Y 坐标为 –91,"缩放"为 98%,如图 9-26 所示,即可调整文字的位置和大小。

图 9-26 设置相应参数

STEP 03 使用与上同样的方法,更改内容,设置相应字体,以及坐标、缩放的参数,效果如图 9-27 所示。

图 9-27 调整文本的效果(1)

STEP 04 使用与上同样的方法，更改内容，设置相应字体、坐标、缩放参数，效果如图9-28所示。

图9-28 调整文本的效果（2）

STEP 05 ❶选择第2段PPT页面；❷在预览区中选择相应的文本；❸在编辑区的"样式编辑"选项卡中，单击"字体"右侧的下拉按钮，弹出列表框；❹选择相应选项，如图9-29所示，即可更改文本字体。

图9-29 选择相应选项（1）

STEP 06 ❶在预览区中选择相应的文本；❷在编辑区的"样式编辑"选项卡中，单击"字体"右侧的下拉按钮，弹出列表框；❸选择相应选项，如图9-30所示，即可更改字体。

图9-30 选择相应选项（2）

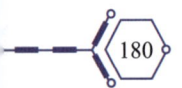

STEP 07 使用与上同样的操作方法，在预览区中选择相应的文本，更改文本内容、字体、字号和对齐方式，调节坐标以及缩放参数，效果如图 9-31 所示。

图 9-31　调整文本的效果（3）

STEP 08 ❶选择第 3 段 PPT 页面；❷在预览区中选择相应的文本；❸单击鼠标右键，弹出快捷菜单，选择"删除"选项，如图 9-32 所示，即可删除多余的文本。

图 9-32　选择"删除"选项

STEP 09 使用与上同样的操作方法，删除多余文本，效果如图9-33所示。

图9-33 删除多余文本的效果

STEP 10 ❶在预览区中选择相应的文本；❷在编辑区的"样式编辑"选项卡中，更改内容；❸设置相应字体；❹设置"字号"为40；❺在"对齐"选项区中，单击 按钮，如图9-34所示，即可使文本左对齐。

图9-34 单击左对齐按钮

STEP 11 在"基础调节"选项区中,设置 X 坐标为 21,Y 坐标为 10,"缩放"为 101%,如图 9-35 所示,即可调整文字的位置和大小。

图 9-35 设置相应参数

STEP 12 ❶选择第 4 段 PPT 页面;❷在预览区中选择相应的文本;❸在编辑区的"样式编辑"选项卡中,单击"字体"右侧的下拉按钮,弹出列表框;❹选择相应选项,如图 9-36 所示,即可设置字体。

图 9-36 选择相应选项

STEP 13 使用与上同样的方法，在预览区中选择相应的文本，更改内容，设置相应字体，单击"对齐"按钮，设置"坐标"参数，效果如图9-37所示。

图9-37 调整文本的效果（4）

STEP 14 选择第1段PPT页面，展开轨道区面板，选择相应文本内容，将文本的时长调整为与数字人时长一致，如图9-38所示。

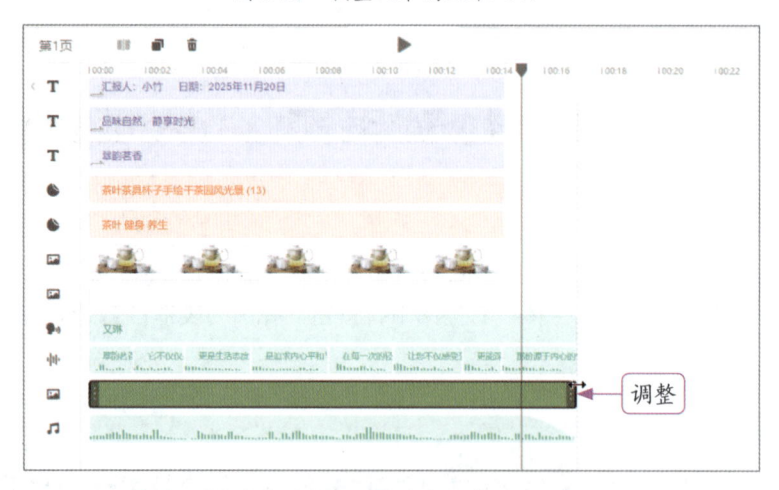

图9-38 将文本的时长调整为与数字人时长一致（1）

STEP 15 使用与上同样的方法，将剩余的内容调整为与数字人时长一致，如图9-39所示。

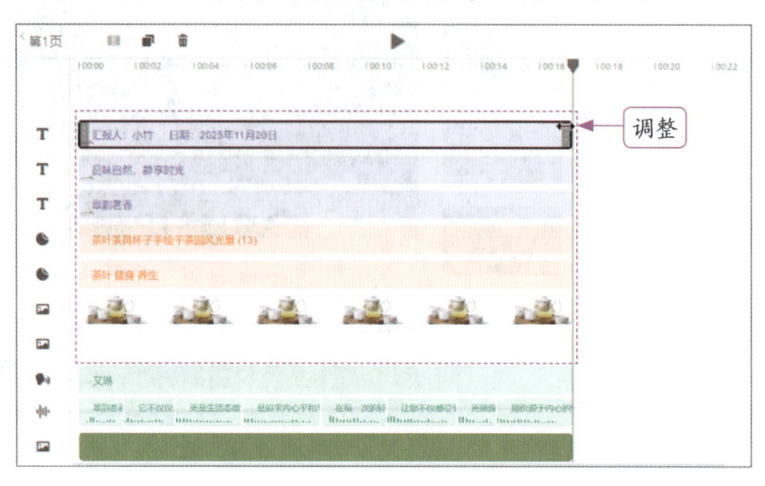

图9-39 将剩余的内容调整为与数字人时长一致

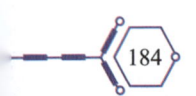

STEP 16 使用与上同样的方法，选择第 2 段 PPT 页面，将文本的时长调整为与数字人时长一致，如图 9-40 所示。

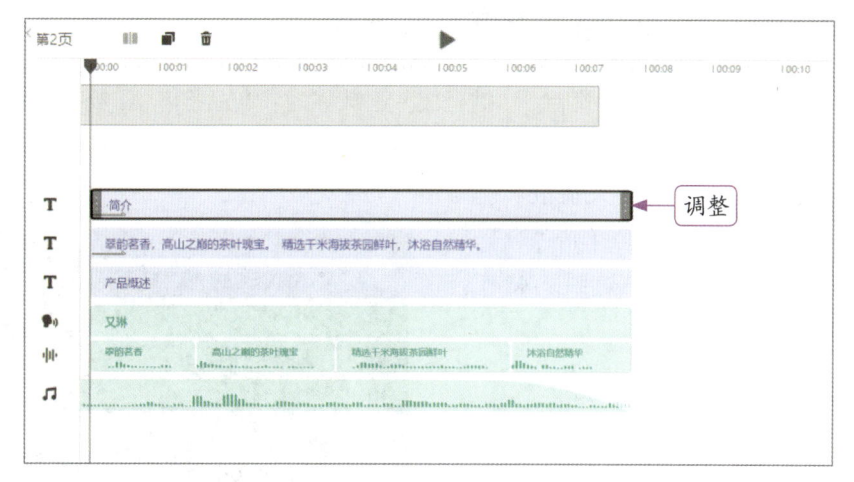

图 9-40　将文本的时长调整为与数字人时长一致（2）

STEP 17 使用与上同样的方法，选择第 3 段 PPT 页面，将文本的时长调整为与数字人时长一致，如图 9-41 所示。

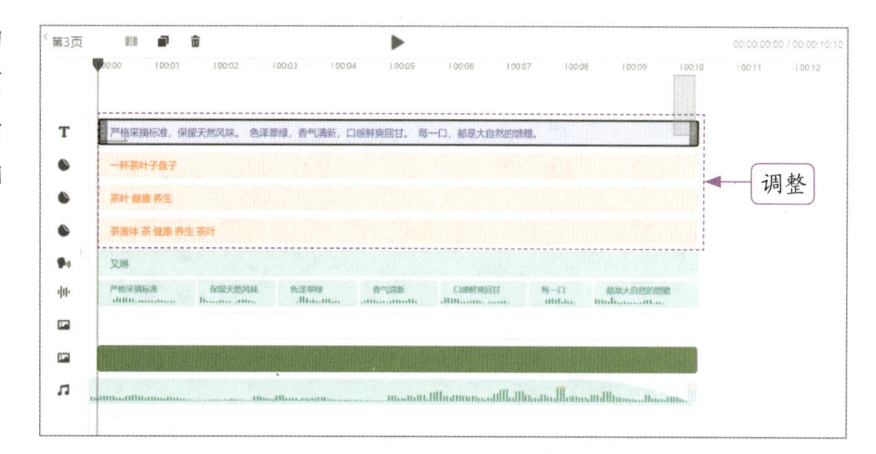

图 9-41　将文本的时长调整为与数字人时长一致（3）

STEP 18 使用与上同样的方法，选择第 4 段 PPT 页面，将文本的时长调整为与数字人时长一致，如图 9-42 所示。

图 9-42　将文本的时长调整为与数字人时长一致（4）

9.2.6 合成下载 AI 数字人视频

操作完成上述步骤后，一键合成并下载你的农产品推荐 AI 数字人视频，营销佳作即刻呈现，具体操作方法如下。

STEP 01 在"数字人播报"功能页面的右上角单击"合成视频"按钮，如图 9-43 所示。

图 9-43　单击"合成视频"按钮

STEP 02 执行操作后，弹出"合成设置"对话框，❶输入相应的名称；❷单击"确定"按钮，如图 9-44 所示。

图 9-44　单击"确定"按钮

STEP 03 执行操作后，进入"我的资源"页面，显示该视频的合成进度，合成视频后，单击"下载"按钮 ↓，如图 9-45 所示，即可保存数字人视频。

图 9-45　单击"下载"按钮

客服沟通篇

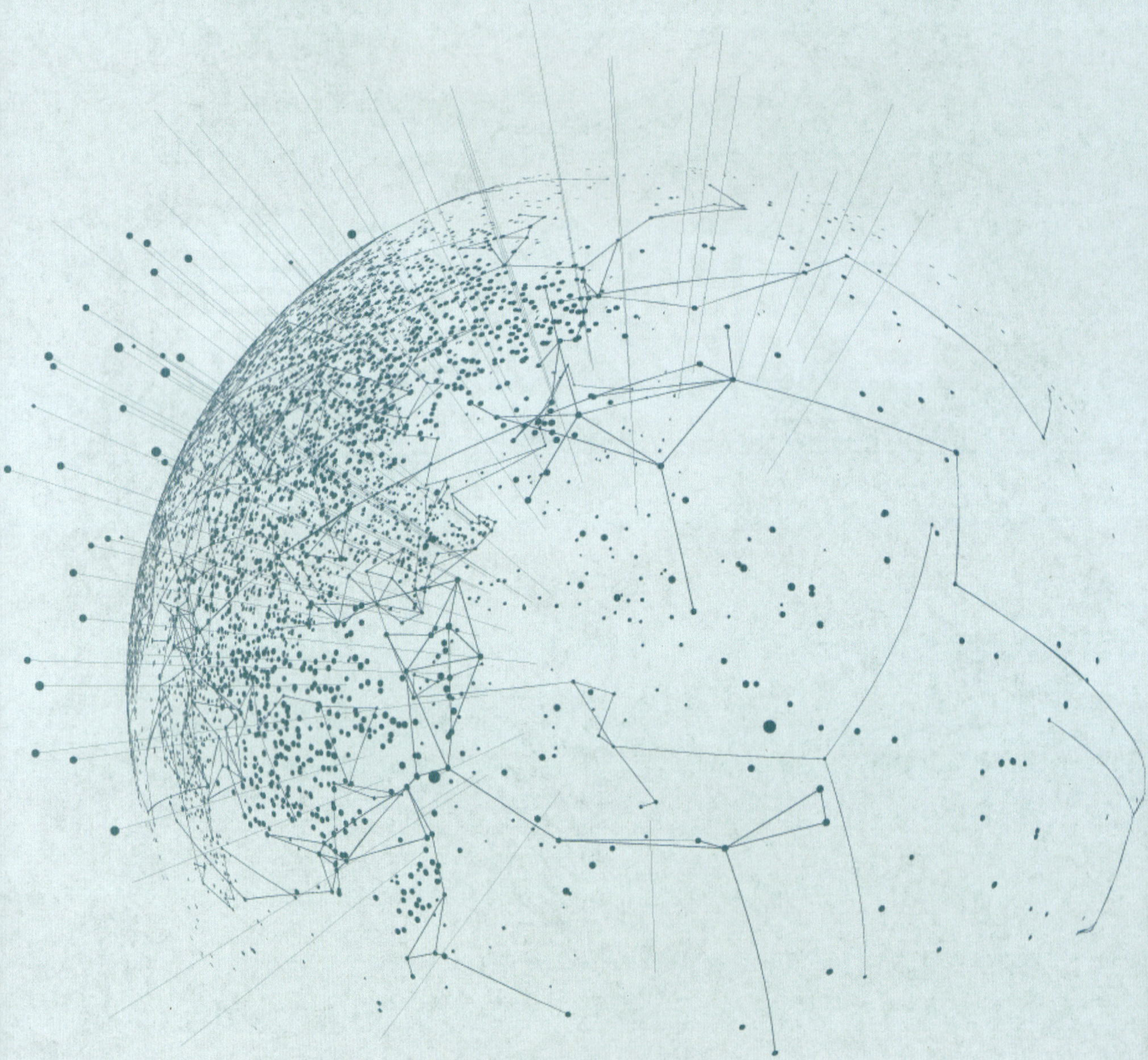

第 10 章

情感沟通：利用数字人增强客户关系

▶ 章前知识导读 ▶▶▶▶▶▶▶

在客服沟通领域中，数字人的应用不仅限于解答问题，更重要的是通过情感的传递与客户建立深层次的联系。本章将介绍如何通过情感沟通 AI 数字人提升客户关系，增强客户体验感与满意度。通过细致的情感化表达，AI 数字人能够在企业与客户的互动中增添更多温度和人情味。

▶ 新手重点索引 ▶▶▶▶▶▶▶

- 利用 AI 数字人实现情感沟通的基础知识
- 情感沟通领域的 AI 数字人视频制作流程

▶ 效果图片欣赏 ▶▶▶▶▶▶▶

10.1 利用 AI 数字人实现情感沟通的基础知识

随着技术的不断进步，情感沟通 AI 数字人视频的制作和应用日益广泛。那么，这一领域究竟有哪些值得我们深入探讨的基础知识呢？本节我们将一同走进这一奇妙的世界。

10.1.1 AI 数字人在情感沟通方面有哪些应用？

在客服沟通的领域，AI 数字人凭借其卓越的情感沟通能力，展现了广泛且深入的应用潜力。它们能够精准模拟人类情感，与用户建立起自然且温馨的互动桥梁，从而在多个场景中发挥不可或缺的作用。以下是 AI 数字人在情感沟通方面的几个核心应用。

1. 心理咨询与情感慰藉

AI 数字人化身专业心理咨询师，与用户进行一对一的深度情感交流。它们耐心倾听用户的烦恼与忧虑，提供贴心的情感支持，并根据用户的实际状况，给出专业且贴心的建议与指导。这一应用不仅有效缓解了用户的心理压力，更显著提升了用户的信任度与满意度。

2. 情感陪伴与娱乐共享

作为用户的情感伴侣，AI 数字人积极参与闲聊、故事分享、游戏互动等多种活动，为用户的生活增添欢乐与轻松之情。在娱乐领域，它们更是以虚拟偶像或游戏角色的身份，与用户展开深入互动，极大地增强了用户的沉浸体验与参与热情。

3. 个性化教育培训体验

在教育领域，AI 数字人作为智能助教或学习伙伴，与学生进行情感上的沟通与交流。它们能够准确把握学生的学习进度与情感需求，提供量身定制的学习建议与即时反馈，从而激发学生的学习兴趣，助力学生更好地掌握知识与技能。

4. 客户服务与情感营销策略

在商业领域，AI 数字人作为客户服务代表或营销大使，与用户进行情感层面的深入沟通。它们敏锐捕捉用户的情感需求，提供个性化的服务与产品推荐，从而提升用户的满意度。同时，通过情感共鸣的建立，AI 数字人有效增强了用户对品牌的忠诚度与好感度。

这些应用实例充分展示了 AI 数字人在情感沟通方面的多样性与灵活性，它们在客服沟通领域展现出了巨大的潜力与不可估量的价值。

10.1.2 情感沟通领域的 AI 数字人制作有哪些注意事项？

在制作专为客服沟通领域设计的情感沟通 AI 数字人时，需全面而细致地考量以下关键要素，以确保其具备卓越的质量与表现。

1. 情感表达的真实性与细腻度

情感沟通的核心在于真实细腻的表达。AI 数字人应能精准捕捉并细腻反映用户的情感波动，通过细腻的面部表情、自然流畅的语调及适时的语速变化，与用户建立深层次的情感共鸣，从而增强沟通效果。

2. 个性化与多样化

为满足不同用户的个性化需求，AI 数字人应具备多样化的性格特征和情感表达方式。制作团队需根据目标用户群体的特点，设计丰富多样的 AI 数字人形象与性格，并提供可定制化的选项，让用户能够根据自己的喜好和需求选择最合适的 AI 数字人，以提升用户满意度。

3. 隐私保护与数据安全

在制作和使用 AI 数字人的过程中，隐私保护和数据安全至关重要。制作团队需采用先进且严密的技术手段，确保用户个人信息和隐私的安全存储与传输。同时，制作团队应严格遵守相关法律法规，确保用户数据的合法合规使用，防止数据泄露或被恶意利用，以维护用户信任。

4. 交互体验的流畅性与自然度

情感沟通 AI 数字人的交互体验应流畅、自然，能够迅速且准确地响应用户的情感需求。制作团队需不断优化算法和模型，提升 AI 数字人的反应速度和交互效率，确保用户在使用过程中能够获得愉悦、顺畅的体验，从而增强用户的满意度与忠诚度。

综上所述，制作情感沟通 AI 数字人时，需全面而细致地考虑以上关键要素，以确保其在客服沟通领域发挥最大效用，为用户提供卓越的情感沟通体验。

10.2 情感沟通领域的 AI 数字人视频制作流程

情感沟通 AI 数字人的制作过程涉及多个关键步骤，每个环节都直接影响数字人与客户之间情感联系的质量。从效果欣赏到具体的制作流程，每个细节都需要精心设计，以确保最终呈现的数字人能够精准传递情感信息。本节将详细介绍情感沟通 AI 数字人视频的制作流程，帮助你高效地构建出能够与客户产生情感共鸣的互动体验。

10.2.1 效果欣赏

在正式开启情感沟通 AI 数字人视频的制作流程前，我们先进行一场视觉与情感的预热——效果欣赏。这一环节将让你直观体验 AI 数字人细腻真实的情感表达，以及视频创作的震撼魅力。这既是一场视觉盛宴，也能激发你对后续创作流程的灵感。现在，就请踏上这段视觉与情感的奇妙旅程，效果展示如图 10-1 所示。

图 10-1　效果展示

10.2.2　替换数字人形象

下面介绍蝉镜平台的实用功能，特别是视频模板中的数字人形象替换技巧，以使视频作品更具个性与魅力，具体操作方法如下。

STEP 01 在蝉镜平台首页中，单击"视频模板"按钮，如图 10-2 所示。

图 10-2　单击"视频模板"按钮

STEP 02 展开"从选择模板开始创建视频"面板，在"竖屏"|"情感口播"选项卡中，单击相应模板右下角的"立即使用"按钮，如图 10-3 所示。

图 10-3　单击"立即使用"按钮

第 10 章 情感沟通：利用数字人增强客户关系

STEP 03 执行操作后，即可进入模板页面，如图 10-4 所示。

图 10-4 进入模板页面

STEP 04 ❶单击"人像"按钮；进入"选择数字人像"面板，❷选择相应数字人，如图 10-5 所示。

图 10-5 选择相应数字人

STEP 05 即可替换数字人形象，并调整数字人的位置与大小，如图 10-6 所示。

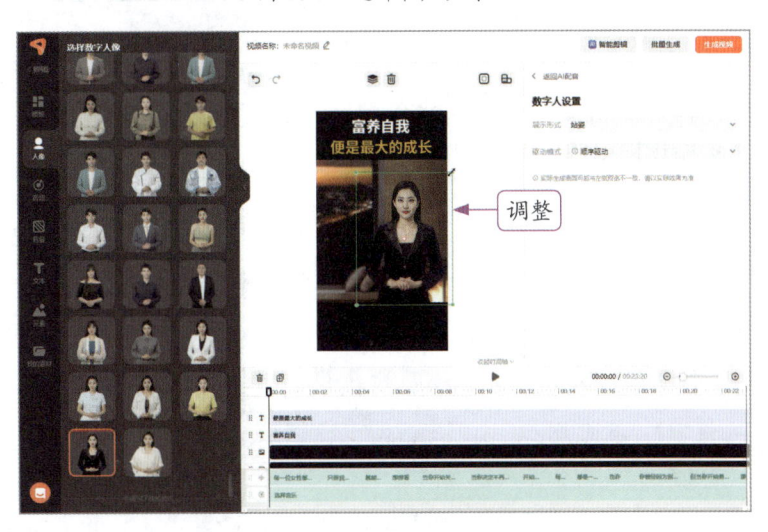

图 10-6 调整数字人的位置与大小

193

10.2.3 定制 AI 配音文案

现在，让我们一同进入个性化定制 AI 配音阶段。只需轻松几步，便可以修改配音文案，挑选心仪的数字人声音，为你的视频作品增添独特的听觉魅力，具体操作方法如下。

STEP 01 在"AI 配音"面板中，选择需要清除的文本内容，如图 10-7 所示，按 Delete 键，即可删除内容。

图 10-7 选择需要清除的文本内容

STEP 02 执行操作后，输入相应的文案内容，如图 10-8 所示。

图 10-8 输入相应的文案内容

STEP 03 在文案适当的位置插入多个停顿标记，如图 10-9 所示。

图 10-9 插入多个停顿标记

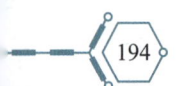

第 10 章 情感沟通：利用数字人增强客户关系

STEP 04 在"AI 配音"面板的底部，单击"积极愉快-晓甄"按钮，如图 10-10 所示。

图 10-10 单击"积极愉快-晓甄"按钮

STEP 05 弹出"选择 AI 语音"面板，在"公共配音"选项卡中，单击"温柔婉转讲情感"选项右侧的"选择"按钮，如图 10-11 所示，即可更改为自己喜欢的数字人声音。

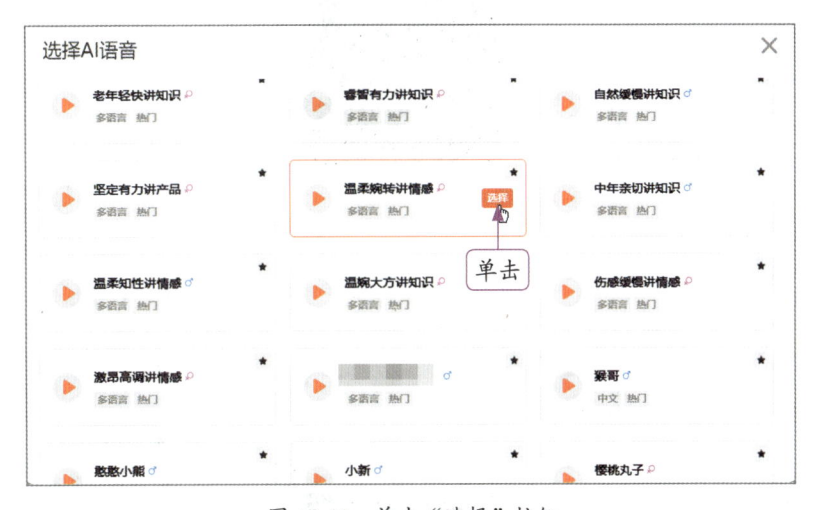

图 10-11 单击"选择"按钮

STEP 06 执行操作后，在"AI 配音"面板中单击"生成语音"按钮，如图 10-12 所示，即可生成新的数字人语音内容。

图 10-12 单击"生成语音"按钮

195

10.2.4 编辑视频字幕

编辑视频字幕的具体操作方法如下。

STEP 01 ❶在预览窗口中选择相应的文本内容；❷在"样式编辑"选项卡中更改文字内容，如图10-13所示。

图 10-13　更改文字内容

STEP 02 ❶在"字符"选项区中，单击"字体"右侧的下拉按钮，弹出列表框；❷选择"阿里妈妈数黑体"选项，如图10-14所示，即可设置相应的字体。

图 10-14　选择"阿里妈妈数黑体"选项

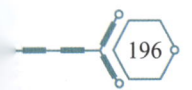

196

第 10 章 情感沟通：利用数字人增强客户关系

STEP 03 设置"字号"为128，如图10-15所示，即可更改文本大小。

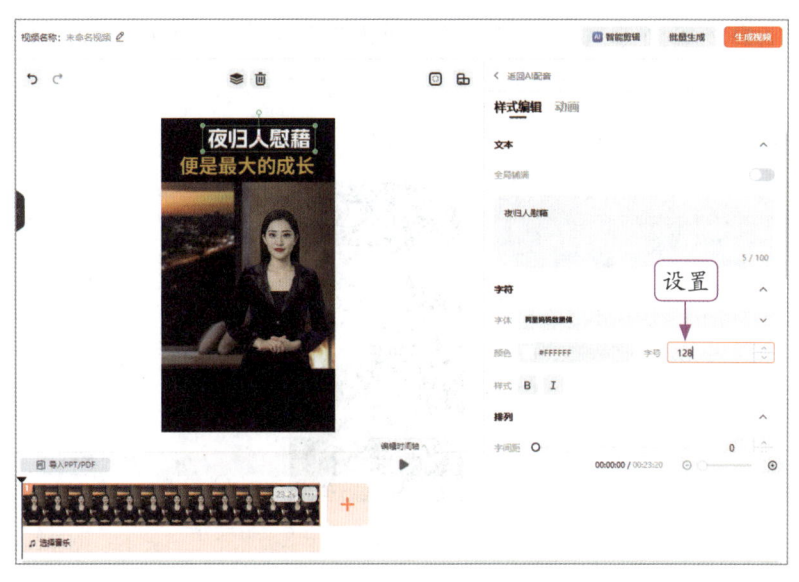

图10-15 设置"字号"参数

STEP 04 在"排列"选项区中，设置"字间距"为2，如图10-16所示，以确保文字之间疏密得当，避免显得过于拥挤。

图10-16 设置"字间距"参数

STEP 05 在预览窗口中，❶选择相应文本；❷单击鼠标右键，弹出快捷菜单，选择"删除"选项，如图10-17所示，即可删除多余的文本。

图10-17 选择"删除"选项

STEP 06 在预览窗口中，调整文本的大小和位置，如图10-18所示。

图10-18 调整文本的大小和位置

STEP 07 在轨道区中，将文本的时长调整为与数字人视频的时长一致，如图10-19所示。

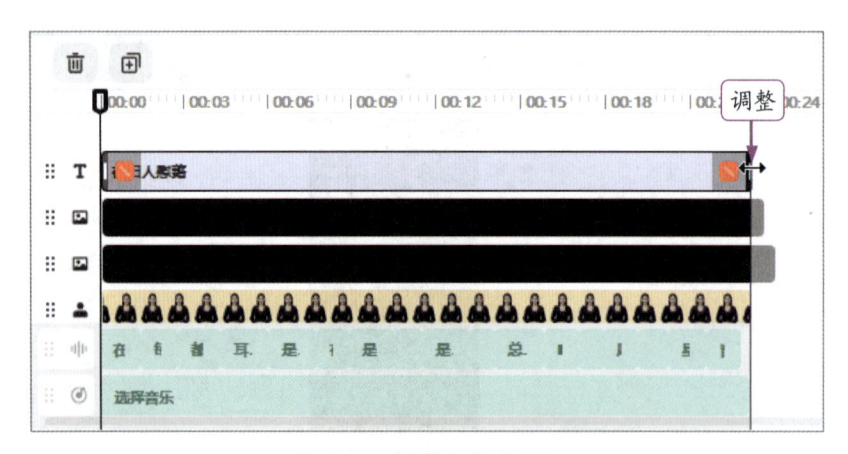

图10-19 调整文本的时长

STEP 08 使用与上同样的方法，将其他内容的时长调整为与数字人视频时长一致，如图10-20所示。

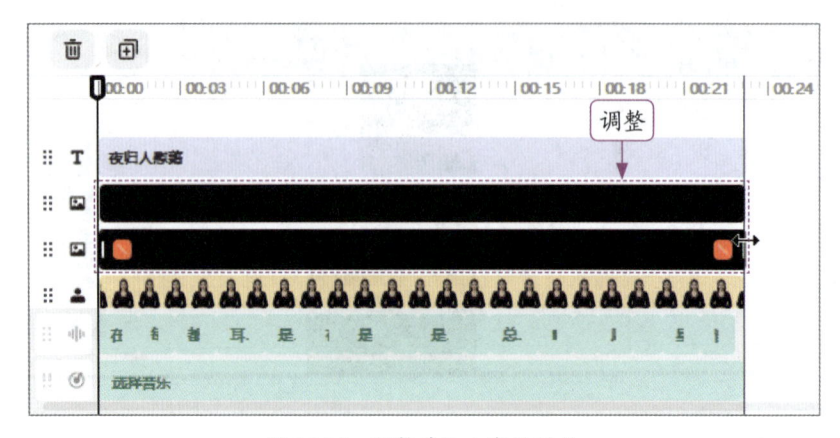

图10-20 调整其他内容的时长

第 10 章 情感沟通：利用数字人增强客户关系

STEP 09 在"AI 配音"面板中，单击"字幕"按钮，如图 10-21 所示，即可打开字幕。

图 10-21 单击"字幕"按钮

STEP 10 在预览窗口中，❶选择字幕内容；❷在"样式编辑"选项卡的"字符"选项区中，单击"字体"右侧的下拉按钮，弹出列表框；❸选择"阿里妈妈数黑体"选项，如图 10-22 所示，即可设置字体。

图 10-22 选择"阿里妈妈数黑体"选项

STEP 11 在预览窗口中，选择字幕内容并调整文本大小和位置，如图 10-23 所示。

图 10-23 调整文本大小和位置

10.2.5 编辑音频并下载

完成字幕编辑后，将进入音频调整与下载阶段。通过简单的操作，可以轻松选择并调整背景音乐，使其与数字人音频和谐融合，具体操作方法如下。

STEP 01 单击"音频"按钮，如图 10-24 所示，即可展开"选择音频"面板。

图 10-24 单击"音频"按钮

STEP 02 在"音乐"选项卡中，选择一首合适的音乐，单击"选择"按钮，如图 10-25 所示。

图 10-25 单击"选择"按钮

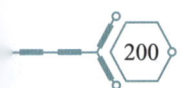

STEP 03 执行操作后，即可将所选音乐添加到轨道区中，❶选择音乐；❷单击 按钮，如图 10-26 所示。

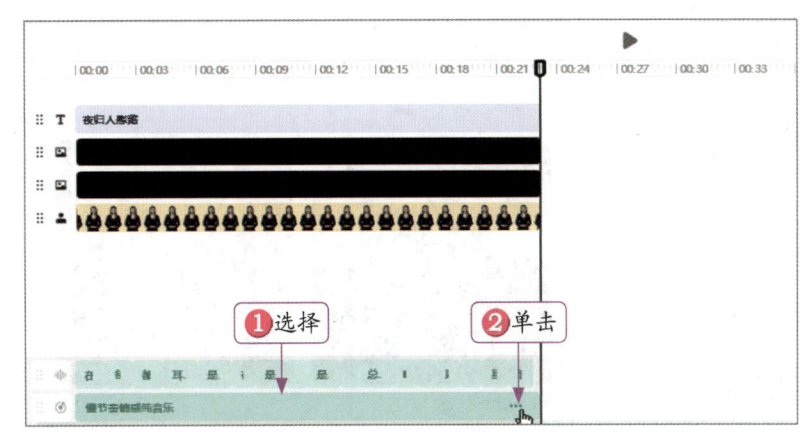

图 10-26 单击相应按钮

STEP 04 弹出列表框，设置"音量"参数为 23，如图 10-27 所示，即可降低背景音乐的音量，使其不会干扰数字人的播报音频。

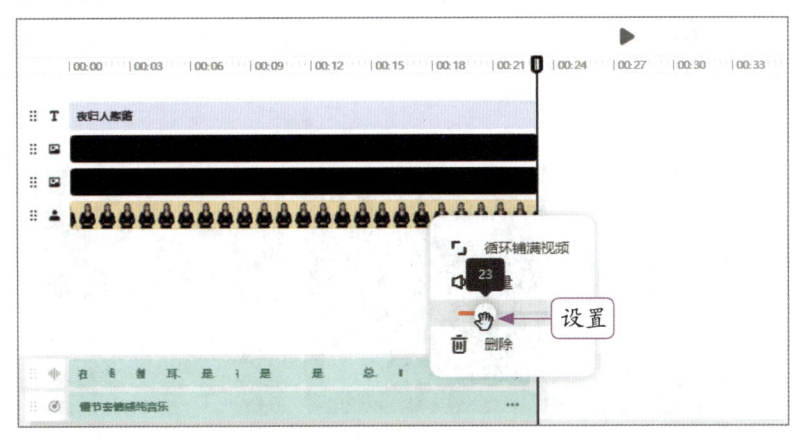

图 10-27 设置"音量"参数

STEP 05 操作完成后，单击"生成视频"按钮，如图 10-28 所示。

图 10-28 单击"生成视频"按钮

STEP 06 进入"我的视频"页面，开始显示上传进度，如图10-29所示。

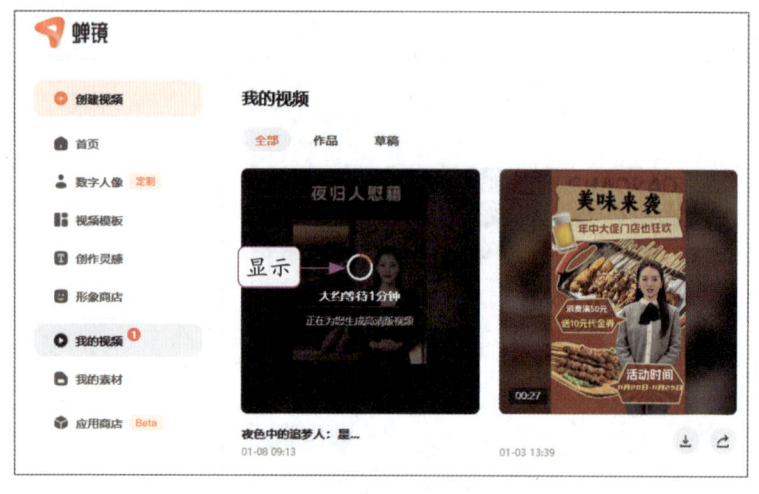

图10-29 显示上传进度

STEP 07 上传完成后，在"我的视频"页面中，单击"下载"按钮⬇，如图10-30所示。

图10-30 单击"下载"按钮

STEP 08 在弹出的"新建下载任务"对话框中，❶设置视频名称和下载位置；❷单击"下载"按钮，如图10-31所示，即可获得完整的视频效果。

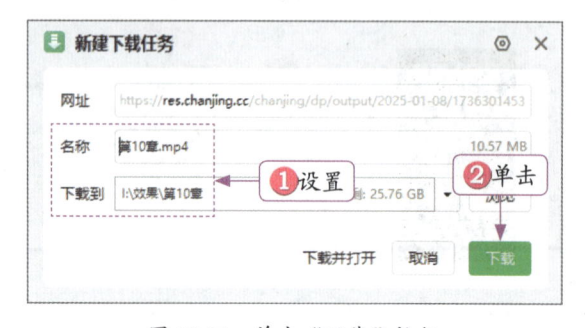

图10-31 单击"下载"按钮

第 11 章

产品咨询：利用数字人提升转化率

章前知识导读 ▶▶▶▶▶▶▶

在产品咨询领域中，AI 数字人不仅显著增强了客户的互动体验，还极大提升了转化率。凭借智能化的产品推荐、即时的咨询服务响应，以及精准的个性化指导，数字人能够有效缩短客户的决策周期，促使更多用户完成购买。本章探讨如何借此优化流程，驱动业务增长，提升客户沟通效率。

新手重点索引 ▶▶▶▶▶▶▶

- 利用 AI 数字人实现产品咨询的基础知识
- 产品咨询领域的 AI 数字人视频制作流程

效果图片欣赏 ▶▶▶▶▶▶▶

11.1 利用 AI 数字人实现产品咨询的基础知识

随着科技的飞速发展，AI 数字人在产品咨询领域的应用日益广泛。为了深入理解这一领域，首先需要掌握产品咨询 AI 数字人视频的基础知识。下面将详细探讨 AI 数字人在产品咨询中的应用及其制作注意事项。

11.1.1 AI 数字人在产品咨询方面有哪些应用？

AI 数字人在产品咨询领域的应用，正以创新方式显著提升客户服务质量与效率，特别是在客服沟通方面，AI 数字人通过模拟真实客服的互动，展现出了极大的潜力。以下是其在产品咨询中的几个核心应用。

1. 虚拟客服

AI 数字人作为虚拟客服，能全天候提供即时且精准的产品咨询。借助自然语言处理技术，AI 数字人能识别用户询问并迅速回应，详细介绍产品功能、价格及使用方法，不仅确保高效沟通，还大幅减轻了人工客服负担。

2. 产品演示

利用实时渲染与动作捕捉技术，AI 数字人能生动展现产品使用过程与效果，如在视频中直观展示操作流程或使用场景，增强用户对产品的理解与兴趣，提升产品吸引力。

3. 个性化推荐

通过分析用户历史数据与偏好，AI 数字人提供个性化产品推荐，帮助用户快速、精准地找到所需产品，优化购物体验，同时有效提升产品转化率。在电商平台上，AI 数字人能根据用户浏览历史或咨询内容推送相关产品或优惠信息。

4. 市场分析

AI 数字人不仅服务于用户咨询，还能协助企业收集、分析用户反馈，预测市场需求与趋势。通过大量咨询数据分析，企业可获得宝贵市场洞察，优化产品设计与营销策略，增强市场竞争力。

5. 售后服务

在售后服务环节，AI 数字人能迅速响应用户关于产品使用、故障排查的咨询，实时提供解决方案。AI 数字人还能根据用户问题提供精准解决步骤，快速解决用户难题，提升售后体验与用户满意度。

11.1.2 产品咨询领域的 AI 数字人制作有哪些注意事项？

在制作用于产品咨询的 AI 数字人时，除了确保基本操作流程和功能设计流畅外，还需特别关注一些关键因素。这些因素不仅会直接影响数字人服务的效果和实用性，还会决定用户体验的质量和企业的可持续发展。为了确保 AI 数字人能够顺利投入实际应用，以下几个注意事项至关重要。

1. 数据安全与隐私保护

在客服沟通过程中，AI 数字人与大量用户数据进行交互，因此，保护用户个人信息和隐私是首要任务。制作过程中应确保所有用户数据得到加密处理，并实施严格的访问控制措施，以避免数据泄露和滥用。企业应根据行业标准采取数据安全保护措施，确保用户数据的安全性，从而增强用户的信任感。

2. 技术选型

选择适合的技术平台至关重要。产品咨询的 AI 数字人制作需要依赖高质量的 3D 建模、精确的语音合成，以及流畅的动作捕捉技术。这些技术直接影响 AI 数字人表现的效果，从而影响用户的互动体验。在选型时，企业应重点考虑技术的稳定性、易用性、可扩展性，以及未来的更新迭代能力，确保能够为用户提供长期高效的服务。

3. 版权合规

在制作过程中使用的数字人模型、动作库、语音素材等，必须严格遵守版权合规要求。无论是自制素材还是外购素材，都应仔细审查其版权条款，避免侵犯他人的知识产权。这不仅有助于避免法律纠纷，还能维护企业的品牌形象与信誉。

4. 定制化开发

AI 数字人应根据企业的品牌形象和产品特点进行定制开发。AI 数字人的外观设计、性格设定、语音风格等应与企业的品牌风格一致，以便更好地与目标用户建立连接。例如，不同行业或产品的 AI 数字人语音风格和表达方式可以有所差异，使其更贴合目标用户的需求和沟通习惯，从而提升互动的亲和力和效果。

5. 持续更新与维护

AI 技术不断进步，因此需要定期对 AI 数字人进行算法更新与性能优化。通过技术升级，确保 AI 数字人在产品咨询过程中始终保持高效的响应能力和精准的信息传递。此外，随着用户反馈的积累和市场需求的变化，AI 数字人也应及时调整其功能，以更好地服务用户，提升其体验。

6. 用户体验优化

在客服沟通领域，用户体验至关重要。AI 数字人需要提供流畅自然的对话体验，包括准确的语音识别、快速的响应速度和清晰的语音输出。此外，交互界面应简洁直观，易于用户快速上手，避免复杂操作影响使用体验。通过优化这些细节，企业能够显著提升用户满意度，增加用户的使用意愿。

通过综合考虑数据安全与隐私保护、技术选型、版权合规、定制化开发、持续更新与维护，以及用户体验优化等多个方面，企业可以确保 AI 数字人在客服沟通中高效运作。这不仅提高了产品咨询的智能化水平，还能增强用户的互动体验，最终帮助企业提升客户满意度和市场竞争力。

11.2 产品咨询领域的 AI 数字人视频制作流程

本节将介绍产品咨询 AI 数字人的全流程设置，从操作到实际应用一应俱全。通过详尽的逐步指导，读者将学会从安装文小言 App，直至测试 AI 数字人对话场景的每一步，确保 AI 数字人能在客服沟通中高效、智能地发挥作用。首先，让我们先一睹数字人在实际应用中的风采，为后续操作提供直观参考。

11.2.1 效果欣赏

在了解 AI 数字人的应用场景和制作注意事项后，本节将展示其实际效果，帮助用户直观感受产品咨询 AI 数字人的表现。效果欣赏，将帮助读者更清楚地了解这些技术如何优化用户交互体验，为后续操作流程的掌握奠定基础。效果展示如图 11-1 所示。

图 11-1 效果展示

11.2.2 安装与登录文小言 App

要使用文小言,用户需要先注册一个账号。注册账号是为了验证用户的身份,保护用户信息的安全,同时也为了给用户提供个性化的服务体验。下面介绍安装与登录文小言 App 的操作方法。

扫码看视频

STEP 01 点击"应用市场"按钮,如图 11-2 所示。

STEP 02 进入相应界面,❶在搜索栏中输入"文小言";❷点击"搜索"按钮;❸在搜索结果中点击"文小言"右侧的"安装"按钮,如图 11-3 所示。

STEP 03 执行操作后,即可显示下载软件进度并自动安装,如图 11-4 所示。

图 11-2 点击"应用市场"按钮　　图 11-3 点击"安装"按钮　　图 11-4 显示下载软件并自动安装

STEP 04 下载完成后,在手机屏幕上点击"文小言"按钮,如图 11-5 所示。

STEP 05 进入文小言 App,弹出相应对话框,点击"同意"按钮,如图 11-6 所示。

图 11-5 点击"文小言"按钮　　图 11-6 点击"同意"按钮

> **温馨提示**
>
> 这里还增设了"切换登录方式"按钮，便于用户根据个人偏好或需求，灵活选择最适合自己的登录途径。

STEP 06 进入相应界面，❶选中"请您阅读并同意百度用户协议和隐私政策及儿童个人信息保护声明"复选框；❷点击"一键登录"按钮，如图11-7所示。

STEP 07 执行操作后，即可进入文小言的主页，如图11-8所示。

图11-7 点击"一键登录"按钮　　　图11-8 进入文小言的主页

11.2.3 创建AI智能体

文小言App是一款强大的软件，它提供了创建个性化AI智能体的功能。无论你是想创造一个虚拟助手，还是一个聊天伙伴，文小言都能满足你的需求，具体操作方法如下。

扫码看视频

STEP 01 单击 ⊕ 按钮，弹出相应面板，点击"创建智能体"按钮，如图11-9所示。

STEP 02 进入AI创建界面，❶输入主题内容；❷点击"AI生成配置"按钮，如图11-10所示，开始生成智能体。

STEP 03 执行操作后，即可进入"创建智能体"界面，如图11-11所示，用户可以在该界面进行智能体的编辑操作。

第 11 章 》产品咨询：利用数字人提升转化率

图 11-9　点击"创建智能体"按钮　　图 11-10　点击"AI 生成配置"按钮　　图 11-11　进入"创建智能体"界面

11.2.4　更换头像

在完成 AI 智能体的创建后，下一步是为其更换头像。头像是数字人形象的核心表达元素，直接影响其识别度和用户体验。本次使用的头像是通过即梦平台生成的，此处不详细介绍生成流程。完成头像上传后，可对其位置、尺寸等进行微调，确保数字人的形象与设计需求相符，具体操作方法如下。

扫码看视频

STEP 01　在"创建智能体"界面中，点击"设置头像"按钮，如图 11-12 所示，即可弹出相应页面。

STEP 02　选择"单张图片生成"选项，如图 11-13 所示。

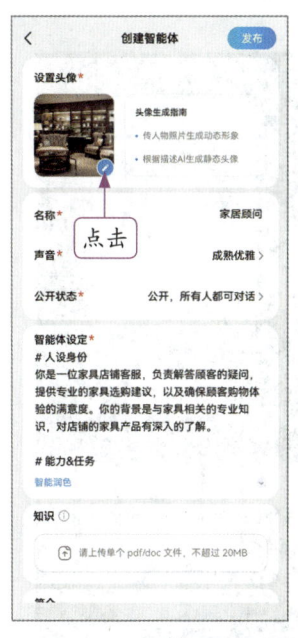

图 11-12　点击相应按钮　　图 11-13　选择"单张图片生成"选项

209

STEP 03 进入"相册上传"界面，点击"相册选图"按钮，如图11-14所示。
STEP 04 执行操作后，进入"手机相册"界面，❶选择相应图片；❷点击"完成"按钮，如图11-15所示。
STEP 05 进入"调整图片"界面，❶将图片调整至相应位置；❷点击"完成"按钮，如图11-16所示。

图11-14 点击"相册选图"按钮　　图11-15 点击"完成"按钮（1）　　图11-16 点击"完成"按钮（2）

STEP 06 进入"选择背景预览"界面，默认背景图片为"吕黑"，如图11-17所示。
STEP 07 ❶更改背景图片的样式；❷点击"确定"按钮，如图11-18所示，即可让背景图片更加自然美观。
STEP 08 执行操作后，即可设置相应的头像，返回"创建智能体"界面，如图11-19所示。

图11-17 默认背景图片为"吕黑"　　图11-18 点击"确定"按钮　　图11-19 返回"创建智能体"界面

> 温馨提示

在"创建动态数字形象"界面中可以选择"五张图片生成"选项，通过上传多张照片来捕捉不同的表情和角度，从而创建一个更加生动和立体的动态形象。另外，用户也可以选择"单张图片生成"选项，App将基于这张精选照片为用户生成一个同样吸引人的动态形象。

用户还可以在"创建静态头像"选项区中选择"AI生成头像"选项，让智能算法根据用户的喜好或输入的描述，为用户设计一个独特的头像；或者选择"相册上传"，直接从用户的手机相册中选择一张图片作为头像。

用户也可以点击界面中的"拍摄照片"按钮，通过拍照来创建形象，不过拍照的时候需要平视摄像头，不要遮挡五官和脖子，还可以开启美颜功能拍照。

11.2.5 设置名称和声音

更换头像之后，我们需赋予它一个独特的身份——一个个性化的名称和与之匹配的声音，具体操作方法如下。

STEP 01 在"创建智能体"界面中，❶设置相应名称，❷点击"声音"右侧的 > 按钮，如图11-20所示。

STEP 02 进入"选择声音"界面，选择"温柔姐姐"选项，如图11-21所示。

图 11-20 点击相应按钮　　　图 11-21 选择"温柔姐姐"选项

> 温馨提示

"选择声音"界面中有很多种类型的声音，用户可以选择自己喜欢的声音，也可以录制自己的声音。

我们还可以设置自己的专属声音，具体操作为：进入"声音选择"界面，点击"创建专属声音"按钮，进入相应界面，点击"点击录制"按钮，朗读提供的句子，录制完成后，点击"停止录制"按钮，即可完成录制。

STEP 03 设置完成后，点击 ＜ 按钮，如图11-22所示。

STEP 04 即可返回"创建智能体"界面，如图11-23所示。

图 11-22　点击相应按钮　　　图 11-23　返回"创建智能体"界面

11.2.6　智能体设定

在为智能体选择了完美的头像，赋予了它独特的名称和悦耳的声音之后，我们将进入最后阶段——智能体设定，具体操作方法如下。

STEP 01 在"创建智能体"界面中，点击"智能润色"按钮，如图11-24所示。

STEP 02 执行操作后，即可重新生成智能体设定，并进入"智能体润色"界面，点击"采纳并替换"按钮，如图11-25所示，即可更换自己喜欢的智能体设定。

> **温馨提示**
>
> 如果用户对生成的智能体的设定不喜欢，可以点击"重新润色"按钮，直至用户满意为止。

图 11-24　点击"智能润色"按钮　　　图 11-25　点击"采纳并替换"按钮

212

11.2.7 设置公开状态

完成智能体设定之后，进入设置公开状态阶段。公开状态决定了谁能够看到你的智能体，是仅限于你个人，还是能够与朋友或公众分享，具体操作方法如下。

STEP 01 在"创建智能体"界面中，点击"公开状态"右侧的 > 按钮，如图 11-26 所示。

STEP 02 弹出"确认可用范围"界面，如图 11-27 所示，用户可以根据自己的喜好选择"公开，所有人都可对话""部分，拥有分享链接的人可对话"或"私密，仅自己可对话"选项来设置智能体的公开范围，选择后点击 × 按钮。

STEP 03 返回"创建智能体"界面，❶点击"发布"按钮；❷在弹出的"确认可用范围"界面中，点击"确认发布"按钮，如图 11-28 所示。

图 11-26 点击相应按钮 　　图 11-27 弹出"确认可用范围"界面 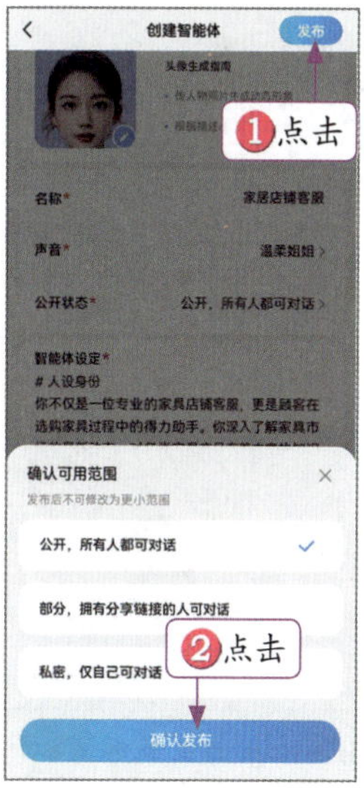　　图 11-28 点击"确认发布"按钮

STEP 04 执行操作后，即可发布成功，并进入 AI 智能体的对话界面，如图 11-29 所示。

STEP 05 退出对话界面，❶切换至"我的"界面；❷查看生成的智能体，如图 11-30 所示。

图 11-29 进入 AI 智能体对话界面 　　图 11-30 查看生成的智能体

11.2.8 测试 AI 数字人对话场景

设置完成后，下一步我们需测试下 AI 数字人对话场景，即按照屏幕上的提示，与 AI 数字人进行对话，体验其智能回复和个性化服务，具体操作方法如下。

STEP 01 点击生成的智能体，如图 11-31 所示。
STEP 02 进入相应界面，点击 按钮，如图 11-32 所示。
STEP 03 执行操作后，即可进入对话界面，在此和它交流对话，效果如图 11-33 所示。

图 11-31　点击生成的智能体 　　　图 11-32　点击相应按钮 　　　图 11-33　与 AI 智能体的对话效果

▶ 温馨提示

下面详细介绍界面中各按钮的含义及功能。

❶ 按钮：用于直接关闭和打开字幕。

❷ 按钮：点击 按钮，弹出"分享智能体"和"分享对话视频"选项。如果你觉得数字人客服很有趣或对自己有所帮助，可以点击"分享智能体"选项，将数字人客服分享给其他人，让更多人了解它；如果你觉得视频很精彩，就点击"分享对话视频"选项，与他人共享你的体验。

❸ 按钮：点击 按钮，弹出"语言设置""清除上下文"和"收藏智能体"选项。"语言设置"选项用于设置你喜欢的声音，以及声音语速的快慢。"清除上下文"选项用于清除当前的对话内容，以便开始新的对话。"收藏智能体"允许用户根据自己的需求和偏好，从头开始创建一个新的 AI 智能体，包括定制其外观、声音、行为和功能。若已有喜欢的智能体，"收藏智能体"选项也可用作收藏功能。

第 12 章

知识分享：AI 数字人驱动智慧沟通

章前知识导读 ▶▶▶▶▶▶▶

在知识分享领域中，AI 数字人能够实现智慧沟通，推动教育、培训和客服沟通的创新。AI 数字人通过精准传递信息、智能问答和拟人化互动，提升客户体验，促进高效沟通。本章将详细介绍 AI 数字人在知识分享中的应用及视频制作流程，涵盖基础知识与操作技巧。

新手重点索引 ▶▶▶▶▶▶▶

- 利用 AI 数字人实现知识分享的基础知识
- 知识分享领域的 AI 数字人视频制作流程

效果图片欣赏 ▶▶▶▶▶▶▶

12.1 利用 AI 数字人实现知识分享的基础知识

AI 数字人在知识分享领域具有重要作用，它能提供即时、精准的信息传递，减少人工干预，提升服务效率。同时，AI 数字人的拟人化特质增强了沟通的亲和力，使客户能够获得更自然、流畅的互动体验。AI 数字人通过语音识别和自然语言处理技术，可以解答客户问题，提供产品指导，甚至处理投诉，创造更高效的客户支持环境。

12.1.1 AI 数字人在知识分享方面有哪些应用？

AI 数字人在客服沟通领域的知识分享中扮演着重要的角色，其借助先进技术，显著提升了客户体验。

1. 即时高效的知识传播

AI 数字人运用自然语言处理和语音合成技术，迅速将常见问题的解答转化为语音或文字内容，提供不受时空限制的即时服务，极大提升了响应效率。

2. 个性化服务推荐

通过分析用户数据和行为模式，AI 数字人能够精准推送定制化知识内容，如产品使用指南、常见问题解答等，满足客户的个性化需求。

3. 多样化互动体验

AI 数字人通过丰富的语音、表情和肢体语言，增强了与客户沟通的互动性和亲和力，使知识分享更加生动有趣。

4. 多模态交互能力

AI 数字人支持语音、文字、图像等多种交互模态，能够进行复杂对话和问题解答，模拟真实客服流程，提升客户参与感和沉浸感。

5. 跨平台整合服务

AI 数字人可在电商平台、社交媒体、企业官网等多个平台上提供连续的知识分享和服务，扩大品牌影响力，提升客户在各平台的参与度。

6. 广泛的应用场景

AI 数字人适用于在线客服、电话支持、社交媒体互动等多种场景，能够实时处理大量客户咨询，提升服务质量和客户满意度。随着技术的不断进步，AI 数字人的应用场景将持续拓展，推动客户服务模式的创新与发展。

综上所述，AI 数字人在客服沟通中的知识分享应用，不仅提高了服务效率和质量，还通过个性化、智能化的互动方式，显著提升了用户体验。

12.1.2 知识分享领域的 AI 数字人制作有哪些注意事项？

在制作用于知识分享且专注于客服沟通的 AI 数字人时，我们需从多个维度确保其能够高效传递信息并提供优质服务体验。以下便是制作过程中需特别关注的事项。

1. 前期筹备与规划

在制作 AI 数字人之前进行充分的筹备与规划至关重要，相关内容如下。

（1）明确目标与受众定位：我们需要确保 AI 数字人的设计能够贴合特定的客服场景需求，比如产品咨询、问题解答等，同时也要确保它与目标受众（如消费者、企业客户等）相匹配，以提供更具有针对性的服务。

（2）资料搜集与筛选：搜集高质量的客服领域知识资料是确保 AI 数字人能够提供准确信息的基础。需要严格筛选信息内容，特别是解决方案推荐和常见问题解答方面的信息，以确保信息的准确性和实用性。

（3）技术选型与验证：选用稳定且高效的技术或模型是制作 AI 数字人的关键。我们需要选择成熟的自然语言处理、语音合成和图像渲染技术，并通过严格的验证，以确保 AI 数字人能够高效、精准地支持客服沟通。

2. 设计与创作

AI 数字人的设计与创作直接关系到用户的直观感受和体验，相关内容如下。

（1）形象设计：根据目标客户群体的需求和审美，我们需要设计合适的 AI 数字人形象，包括外观、服饰、表情等细节，以增强用户的亲切感和接受度。

（2）语音合成与调整：语音是 AI 数字人与用户沟通的重要桥梁。需要调整语音的音调、语速和语气，使其自然流畅，能够清晰传达信息，同时适应不同的客服场景和受众需求。

（3）交互设计：合理的交互设计能够提升用户与 AI 数字人之间的互动感。我们需要设计合理的手势、肢体语言和语音交互，使用户体验既直观又高效。

3. 性能调优与测试

性能的稳定性和高效性是衡量 AI 数字人质量的重要指标，相关内容如下。

（1）自然语言处理能力优化：需要不断提升 AI 数字人的语言理解能力，确保它能够准确解析用户提问并提供相关答案，实现高效沟通。

（2）实时性与稳定性测试：在 AI 数字人的使用过程中，需要确保其能够迅速响应用户提问，并在长时间使用过程中保持稳定运行，避免出现卡顿或响应延迟的情况。

4. 用户体验与隐私保护

优质的用户体验和严格的隐私保护是赢得用户信任的关键，相关内容如下。

（1）用户体验设计：需要简化客服沟通界面，使其直观、易用，方便用户交互。同时，还需要根据用户反馈持续优化和调整设计，以提升用户体验。

（2）隐私安全：在 AI 数字人的使用过程中，我们需要严格遵守相关法律法规，保护用户个人数据，防止隐私泄露或数据滥用。

5. 持续迭代与升级

随着技术的不断进步和用户需求的不断变化，AI 数字人也需要进行持续迭代与升级，相关内容如下。

（1）技术更新：需要定期更新 AI 数字人平台和技术，以保持其性能和功能处于行业领先水平。

（2）内容更新与拓展：及时更新客服知识库内容，确保其时效性和实用性，以满足不同客户的需求。

（3）性能监控与优化：持续监控 AI 数字人的工作表现，根据分析结果及时优化和调整，以提升其响应速度和沟通效果。

12.2 知识分享领域的 AI 数字人视频制作流程

在深入探索知识分享 AI 数字人视频的制作流程时，我们重点关注的是如何在客服沟通场景中充分发挥其独特优势。本节我们将逐步深入了解并掌握这一创作过程。

12.2.1 效果欣赏

在深入探究知识分享 AI 数字人视频的创作与应用之前，不妨先通过一个典型案例，直观感受它在客服沟通场景里的独特魅力与显著效果。这个案例将丰富的知识信息，借助 AI 数字人的生动演绎，传递给观众，有效增强了与观众的互动，拉近了距离。效果展示如图 12-1 所示。

图 12-1　效果展示

12.2.2 创建视频项目并替换模板

在蝉镜这一功能强大的视频编辑平台上，创建个性化视频并为其选择适合的模板是提升视频质量的关键步骤。下面介绍如何在蝉镜平台中轻松创建视频，并替换心仪的模板，具体操作方法如下。

第 12 章 知识分享：AI 数字人驱动智慧沟通

STEP 01 在蝉镜首页中，单击"创建视频"按钮，如图 12-2 所示。

图 12-2 单击"创建视频"按钮

STEP 02 进入"创建视频"页面，单击"立即创建"按钮，如图 12-3 所示。

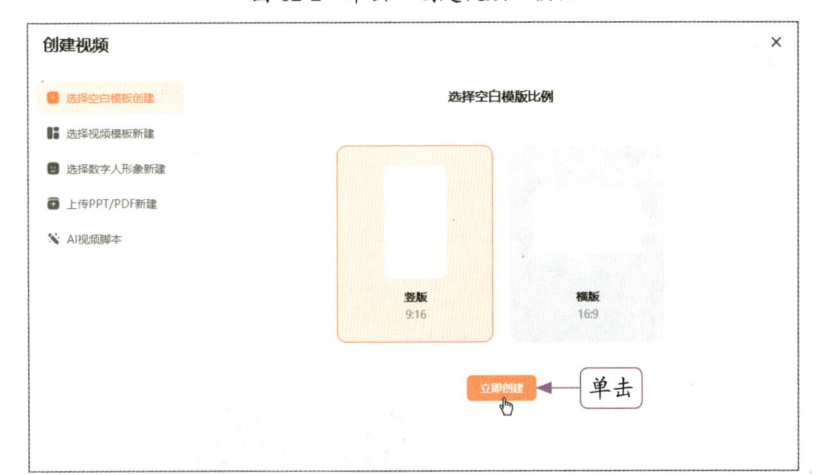

图 12-3 单击"立即创建"按钮

STEP 03 执行操作后，即可进入模板页面，单击"模板"按钮，如图 12-4 所示。

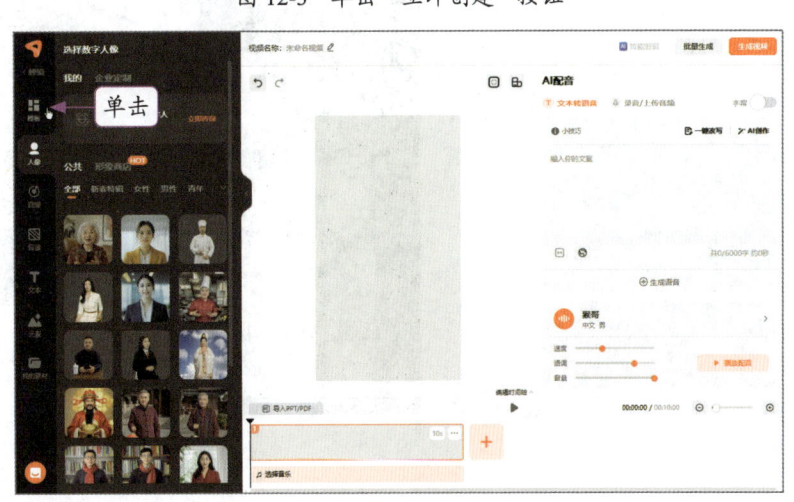

图 12-4 单击"模板"按钮

219

STEP 04 展开"选择模板"面板，选择相应模板，如图12-5所示。

图12-5 选择相应模板

STEP 05 弹出"确认切换模板吗？"对话框，单击"确定"按钮，如图12-6所示。

图12-6 单击"确定"按钮

STEP 06 执行操作后，即可替换模板，如图12-7所示。

图12-7 替换模板

12.2.3 选择数字人形象并调整细节

在制作引人入胜的 AI 数字人视频时，选择合适的 AI 数字人形象并进行适当的调整至关重要。一个与视频内容相契合、形象生动的 AI 数字人能够极大地提升观众的观看体验，具体操作方法如下。

扫码看视频

STEP 01 ❶在预览窗口中选择数字人；❷单击"人像"按钮，展开"选择数字人像"面板；❸选择相应数字人形象，如图 12-8 所示，即可替换数字人。

图 12-8 选择相应数字人

STEP 02 调整数字人的大小和位置，如图 12-9 所示。

图 12-9 调整数字人的大小和位置

12.2.4 AI配音编辑与声音设置

在制作AI数字人视频的过程中，AI配音的编辑与声音设置是至关重要的环节。精准的配音，可以为视频增添生动的情感和语调，从而提升观众的观看体验，具体操作方法如下。

STEP 01 在"AI配音"面板中，选择需要清除的文本内容，如图12-10所示，按Delete键，即可删除内容。

图12-10 选择需要清除的文本内容

STEP 02 执行操作后，输入相应的文案内容，如图12-11所示。

图12-11 输入相应的文案内容

STEP 03 ❶将光标定位到文本中的相应位置；❷单击"增加停顿"按钮，如图 12-12 所示，即可增加停顿时间。

图 12-12　单击"增加停顿"按钮

STEP 04 在"AI 配音"面板的底部，单击"激动轻快讲情感"按钮，如图 12-13 所示。

图 12-13　单击"激动轻快讲情感"按钮

STEP 05 弹出"选择 AI 语音"对话框，在"公共配音"选项卡中，单击"沉着冷静 - 晓燕"选项右侧的"选择"按钮，如图 12-14 所示，即可更改数字人的声音。

图 12-14　单击"选择"按钮

STEP 06 执行操作后，在"AI配音"面板中，单击"生成语音"按钮，如图12-15所示，即可更改声音和视频长度。

图12-15 单击"生成语音"按钮

12.2.5 编辑与调整文本及字幕样式

在制作AI数字人视频的过程中，文本和字幕的编辑与样式调整扮演着至关重要的角色。它们不仅负责传达关键信息，还能显著提升视频的整体视觉效果，具体操作方法如下。

扫码看视频

STEP 01 在预览窗口中，❶选择相应文本；❷单击鼠标右键，弹出快捷菜单，选择"删除"选项，如图12-16所示，即可删除文本。

图12-16 选择"删除"选项

224

第 12 章 》知识分享：AI 数字人驱动智慧沟通

STEP 02 在预览窗口中，❶选择相应文本内容；❷在"样式编辑"选项卡中，更改文本内容，如图 12-17 所示。

图 12-17　更改文本内容

STEP 03 在"字符"选项区中，❶单击"字体"右侧的下拉按钮，弹出列表框；❷选择"阿里妈妈数黑体"选项，如图 12-18 所示，即可设置相应字体。

图 12-18　选择"阿里妈妈数黑体"选项

STEP 04 在"排列"选项区中，设置"字间距"为 2，如图 12-19 所示，确保文字间有足够的空间，避免显得过于拥挤。

图 12-19　设置"字间距"参数

225

STEP 05 在"预设样式"选项区中,选择相应预设样式,如图12-20所示。

图12-20 选择相应预设样式

STEP 06 在预览窗口中,选择相应文本并调整文本的大小和位置,如图12-21所示。

图12-21 调整文本的大小和位置

STEP 07 在轨道区中,将文本的时长调整为与数字人视频的时长一致,如图12-22所示。

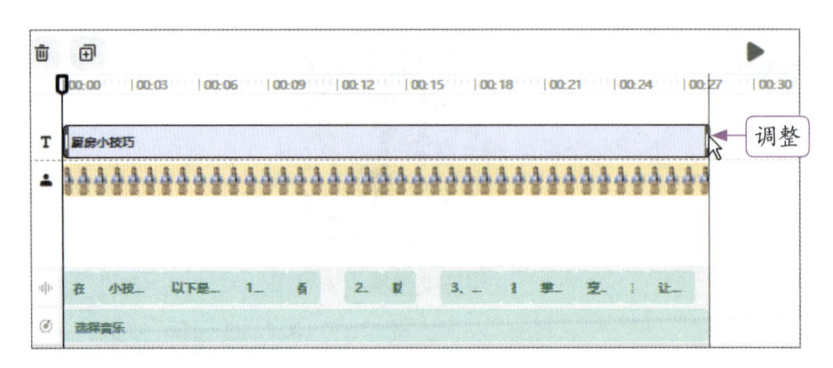

图12-22 调整文本的时长

STEP 08 在"AI配音"面板中，单击"字幕"按钮，如图12-23所示，即可打开字幕。

图12-23 单击"字幕"按钮

STEP 09 在预览窗口中，❶选择相应字幕；❷在"字符"选项区中，单击"字体"右侧的下拉按钮，弹出列表框；❸选择"阿里妈妈东方大楷"选项，如图12-24所示，即可设置相应字体。

图12-24 选择"阿里妈妈东方大楷"选项

STEP 10 在预览窗口中，选择字幕内容并调整文本大小和位置，如图12-25所示。

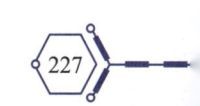

图12-25 调整字幕大小和位置

12.2.6 添加背景音乐并调整音量

完成视频内容的编排与细节优化后，下面将为视频添加背景音乐并调整音量。背景音乐不仅能够有效营造氛围，还能引导观众情绪，让信息的传达更加触动人心，具体操作方法如下。

STEP 01 单击"音频"按钮，如图12-26所示，即可展开"选择音频"面板。

图12-26 单击"音频"按钮

STEP 02 在"音乐"选项卡中，单击"欢快节奏"按钮，如图12-27所示。

图12-27 单击"欢快节奏"按钮

第 12 章 知识分享：AI 数字人驱动智慧沟通

STEP 03 切换至"欢快节奏"选项卡，单击相应音乐右侧的"选择"按钮，如图 12-28 所示。

图 12-28 单击"选择"按钮

STEP 04 执行操作后，即可将所选音乐添加到轨道区中，❶选择音乐素材；❷单击 按钮，如图 12-29 所示。

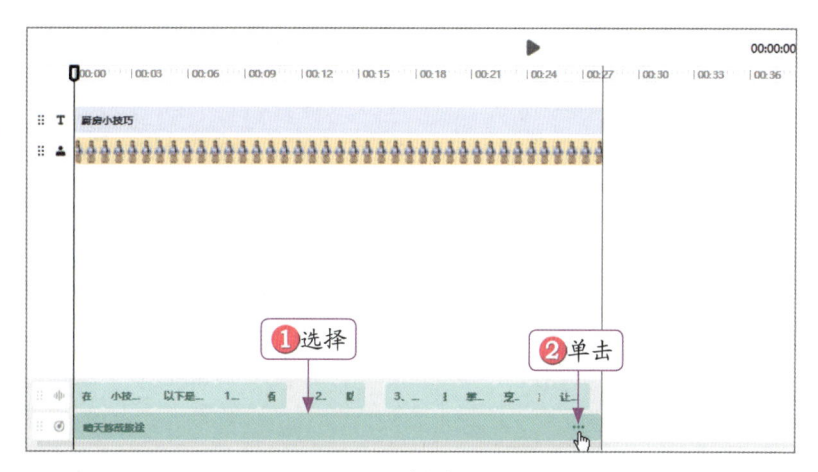

图 12-29 单击相应按钮

STEP 05 弹出列表框，设置"音量"参数为 26，如图 12-30 所示，即可降低背景音乐的音量。

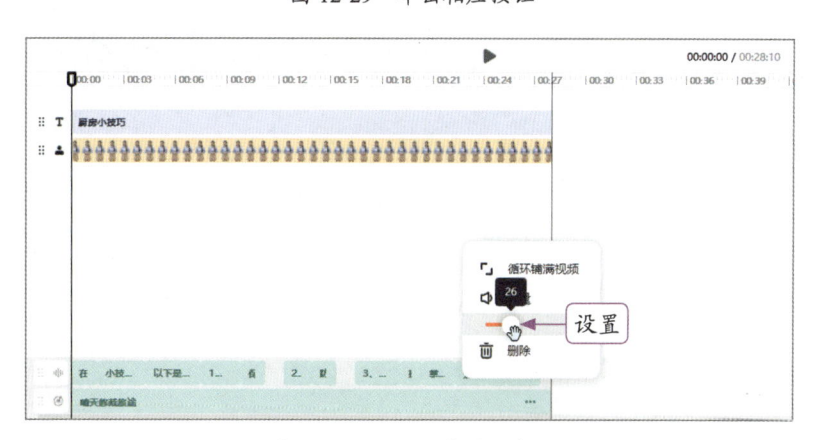

图 12-30 设置"音量"参数

229

STEP 06 操作完成后，单击"生成视频"按钮，如图 12-31 所示，即可合成数字人视频。

图 12-31 单击"生成视频"按钮